《新発見》

カラスザンショウ
雌雄株の開花に
秘められた謎

鳥山　重光　著

創風社

はじめに

東京大学本郷キャンパス，とくに三四郎池と周辺を散策するようになって，目に飛び込んでくるのは，四季を通じて，樹木，樹木，葉っぱ，葉っぱであった。池対岸の新緑のパノラマ，燃えるような紅葉，冬季のケヤキの裸木にも魅せられた。また, 季節ごとに咲く, 初めて見る花, 花だった。いつの間にか, デジカメをもって写真を撮るようになっていた。

さて，三四郎池で初めて出会った樹木は，池の水面に映った「逆さ絵の大木」だった。この日の記憶は強烈だったので忘れられない。恥をかくようだが紹介しよう。池の大木を見て，とっさに思いついたのは，電子顕微鏡装置でウイルスを見ていたのは，通り抜けてきた電子線が画像として像を結んだ，それを見ているだけなのだ。水面の逆さ絵の大木も同じ原理で，ひとが対象と太陽光線が創り出した像を見ているに過ぎないのだと。従って，対岸の山上会館側の木々が生えている場所に行くと，そこに大木が在り，何の木か，すぐに分かると信じていた。

しかしながら，対岸の木々の中から，どれが，逆さ絵の大木かを探し当てるのさえ容易ではなかった。太いごつごつした幹しかなかった。さらに，この木が椋木（むくのき）であることを明確に知るまでには，葉が芽吹き，落下してきた特有のざらついた鮮やかな黄色の葉とブルーの実を見て，果実をかじって初めて納得した。甘い果実とほろ苦い記憶であるが，樹木との真の初対面だった。

この時期を境に，身近に接する木々の名を１つでも覚えようと努め，大げさだが「樹木との対話」が，散歩の主要なテーマになっていた。そして，数年も続くと，画像がぼう大に増えて収集がつかなくなっていたが，少しばかり整理が終わりかけた時期に，カラスザンショウの花の観察が中心になり，他の木々の画像整理は放置されている。

カラスザンショウの観察が５年も過ぎてみると，この５年間の観察が本来の「樹木との対話」の体験だったのかと反省している。画像が増えただけでは樹木たちの，生き生きした生活の内面が何ひとつわからない，この意味で，カラスザンショウの観察の中で出会う，いつもと違う変化や変異の中にこそ，これまでに気づかなかった生活の一端を垣間見ることになるのだと。このことこそ，木々たちとの真の対話が，初めて可能になる一瞬だと悟った。

樹木の専門家でない著者がこの種の本を書くことに戸惑いがなかったわけではない。「観察記録メモとかノート」の形で，まとめるのがよいとも考えていたので，本書には実験データの如き内容も入ったままになっている。元自然科学研究者は，何らかのデータなしに結論的なことが言えないことが理由である。珍しい画像と奇異な現象の記録だけでも残したいと考えて出版の運びになった。

何よりも，幼稚なミスや誤解が多いことをおそれるが，厳しいご批判とご寛容なご指摘をいただければ幸いです。

2018 年秋　東京・本郷にて

カラスザンショウという樹木について

（学名：Zanthoxylum ailanthoides Siebold et Zucc）

※ KZ（ケイ・ゼット）と略した箇所あり。

カラスザンショウには，なじみのない読者が多いと思われるので，主な特性をあげてみた。

① 生育地は宮城，青森県以南から九州，沖縄，台湾，中国南部,朝鮮半島の南部の暖帯から亜熱帯に分布する。

②「改訂新版　日本の野生植物３」（2016，平凡社）のなかに池谷祐幸氏が執筆した「ミカン科 RUTACEAE」の，サンショウ属 Zanthoxylum L. の項目があり，カラスザンショウほか 10 種が記載されており，カラスザンショウは「雌雄異株」であると明記している。また,「サンショウなど数種が薬用，香辛料などに用いられる」と紹介されている。

③ カラスザンショウの果実が実るころ，樹木の傍を通るといい臭いがする。香りはかなり強烈である。サンショウとちがって，葉にアルカロイドを含むので食用には適さない。

④ カラスザンショウの花が満開の時期に，　色彩豊かなアゲハ類や蜂類が集まり，飛び交う。花には蜜が豊富で，養蜂家にとっても関心の高い花のようだ。

⑤ カラスザンショウの種子は，直径約 4 mm の黒光り

した堅い種子で，鳥類が好んで食べるので，糞によって運ばれる。日当たりのよい土地を好み，生長が速いので，土砂崩れや新しく開けた場所に，他の樹種に先駆けて発芽，生長し，カラスザンショウが一帯を占める。このような樹種は先駆種（パイオニア種）という。弱点は日陰になると樹勢は衰えて，枯れて，他の樹種にかわる。

⑥ カラスザンショウは，高さ6～8m，高いのは16mにもなる落葉高木，胸高の直径は60cmにもなる。若い木や枝には鋭い棘が沢山つくのが特長である。

⑦ 材としての用途（倉田悟）は，中心部の堅い心材と，辺材のくべつはなく，黄白色，軽軟であるから，箱，下駄，箱細工，玩具（きじ馬，人吉・球磨地方）に，また，擂粉木（すりこぎ）などに使われる。良質木材としての利用価値は低いようだ。

⑧ カラスザンショウの１本の木につく果実の房の数はぼう大である。最近，熊本大学文学部，小畑弘己らは，縄文土器の内壁の圧痕を広く研究し，イネやマメ類，ドングリやクリの貯蔵に使用された土器に，重要害虫コクゾウムシの圧痕とカラスザンショウの圧痕が高頻度で検出されることを突き止め，縄文時代にカラスザンショウの種子が防虫・駆虫剤として利用されていた可能性が高いと報告した。さらに，詳細な成分分析をし，カラスザンショウの種実に含有している精油テルペノイド化合物，1,8- シネオールを防虫・駆虫効果の主成分とした（真邉彩・小畑弘己，2017）。

赤紫色に熟したカラスザンショウの果実の房に群がるハト（2017. 10. 6 ）。

60cm におよぶ羽状複葉と雄花が満開の花序におおわれた七徳堂前の大木の枝（2012. 7. 10）。

目　次

《新発見》
カラスザンショウ
雌雄株の開花に
秘められた謎

第Ⅰ部：カラスザンショウの大きな花序の小さな花
——謎に翻ろうされた4年の記録——

2010年頃，当時の三四郎池周辺一帯の景色は一変した。鬱蒼とした森，多種多様な樹木の生えている，自然に伸び放題で，ほとんど手入れされない森であった。総合図書館地下書庫の新設の工事が始まってから，三四郎池周辺の魅力的環境は，破壊されてしまった。このように感じるのは著者だけではあるまい。大都会の中心地で自然のままの環境を維持すること自体，あり得ないことなのだろう。著者は，体調管理が目的でウォーキングをしながら，樹木の花の写真を撮っていた。

池の水際周辺には各10数本もあるミズキやアカメガシワが生えていて，5月祭前後に一斉に花を咲かせる。そしてアオギリやトチノキの花にも強い関心をもっていたのを思い出した。

本郷キャンパスに多いケヤキの樹下のさらさらした“暗緑色のごみ”が雄花だったことに驚き，また，ムクノキの雄花は開花時期に池周辺一帯の道に散らばる，ゴミ，否“もぐさ”か“コーヒーかす”かにも驚かされた。カラスザンショウの花に関する関心も，こうした一連の流れのなかの出会いだった気がする。

本書でとりあげたカラスザンショウは，すべて東京大学本郷キャンパスと小石川植物園に生息している樹木であった。1993 年と 1998 年の大掛かりな本郷キャンパスの樹木調査で，1998 年，総本数 3558 本とある。建物の新築や諸工事に伴い年々伐採され，減少している。それでも都会の中でこれだけ緑豊かな場所も少ないだろう。

著者が樹木に興味を持ち続けていられるのも，多種多様な樹種がある本郷キャンパスと小石川植物園が近くにあるからで，単に好奇心だけでない，地の利を得た場所に住んでいることも重要な要因である。

さらに，見る対象が樹木であるということは，何をおいても心地よいものである。

ギリシャの哲学者・科学者たちは対象と接し，「見ること」の重要性をよく知っていた。三四郎池で樹木に接するときの心構えであるので，下記に一部分を引用･掲載した。

「すべての人間は，生まれつき，知ることを欲する。その証拠としては感覚知覚［感覚］への愛好があげられる。というのは，感覚は，その効用をぬきにしても，すでに感覚することそれ自らのゆえにさえ愛好されるものだからである。しかし,ことにそのうちでも最も愛好されるのは,眼によるそれ［すなわち視覚］である。けだしわれわれは，ただたんに行為しようとしてだけでなく全くなにごとを行為しようともしていない場合にも，見ることを，いわば他のすべての感覚にまさって選び好むものである。その理由は，この見ることが，他のいずれの感覚よりも最もよくわれわれに物事を認知させ，その種々の差別を明らかにしてくれるからである」(『アリストテレス全集 12，形而上学，岩波書店』出隆訳，1968，第 1 巻，［A］第 1 章の書き出しの一文である)。

第１章 「雌雄異株」は樹木カラスザンショウの常識だった

大木の幹から四方に伸ばした枝に黄緑色，黄色，白色の大皿のような花序をつける樹木がある。カラスザンショウ（Zanthoxylum ailanthoides）の木である。特徴ある大きな羽状複葉と大形の花序は遠くからでもよく見える。東京大学本郷キャンパスでは，赤門からイチョウ並木を真直ぐ進んだ正面の建物，医学部２号館左手の大木（写真Ⅰ—１—１）と，七徳堂（東大剣道部道場）入口左手の大木（写真Ⅰ—１—２），この２本はよく目立つ。日課のようにしている散歩コースにある大木なのでその存在感を見せつけられてきた。

『東京大学本郷キャンパスの樹木』（2003. 3）による樹木番号と，やや古いが木のサイズは，

① 七徳堂（東大剣道部）カラスザンショウ，E097
1998 調査：幹周長，252cm ／樹高，13.5m.
2017. 7 著者実測：幹周長，272cm.
② 医２号館カラスザンショウ，E013
1998 調査：幹周長，179cm ／樹高，16.5m.
2017. 7 著者実測：幹周長，204cm（瘤下，１m 高）。

2013 年のある資料では，それぞれ 16m と 15m とあるが，

写真Ⅰ―1―1　東京大学医学部２号館前のカラスザンショウの大木

写真Ⅰ―1―2　東京大学七徳堂・東大剣道部前のカラスザンショウの高木。

この２本は，文字通りの大木である。

落葉樹であるが，春先から夏にかけて長さ８～10cmほど，幅４～５cmの小葉が８～10対をなした羽状複葉（約60～80cm）をぎっしりつけた枝ぶりと樹冠はみごとである。濃い緑色の大きな複葉の光合成能力は，さぞ強力なものがあるだろうと推測してしまう。早春の早い時期から花序は伸びだしているが，６月20日頃の花序は緑色の固くとじた蕾みがぎっしりつまっているだけで咲かない。

７月初めに，大皿のような花序を樹冠いっぱいにつけている大木が，一斉に咲き始めた光景は見事である。秋には赤紫色の果実の大きな房を枝にたわわに実らせる。ミカン科の樹木で，実が色づく時期，木の近くを通るといい香りがする。実が熟した時期には，この実を食べようと，ドバトやキジバトが木に群がる。七徳堂入口の木も同じだが，とくに，広々した医学部２号館の大木カラスザンショウの樹冠下には沢山の赤紫色の房が地面に敷きつめられたように散らばる。沢山のハトが興奮したように木の実に群がるので，房が散るのだろう。晩秋に目にする光景である。カラスがこの果実を啄(ついば)んでいる光景に出会ったことはない。

この２本の大木のカラスザンショウのほかに，三四郎池散策コースに３本の大木がある。

三四郎池周辺部で，藤棚地点と並んで池の眺めのよい地点，安田講堂側，入口から入った突き当たり，そのすぐ右手に道があり，スロープに２本のカラスザンショウの木がある。もう１本は，老木ムクノキの直ぐ後ろ，古いポンプ室近くから大枝を斜めに安田講堂側の坂まで伸ばしている。3本とも他の樹木の枝に遮られて，全体の姿を捉えるのは難しい。むしろ，離れた位置から枝ぶりや花が見える位置がある。

以上が，これから話題にする本郷キャンパスのカラスザンショウと，その樹木が生えている舞台[1)]であり，著者が散歩で接する主要な木々たちである。池周辺の3本のKZの詳細は，項目を新たにして記すことにする。

1）KZは東京大学キャンパス内には多い樹種で，幹周長が1メートル以上の大木が20本以上生育している（松下範久准教授私信）。

本題に入るにあたり，カラスザンショウの花に疑問をもつきっかけは一体，何だったのか簡単にふれておこう。

カラスザンショウの花との出会いは，池散策路の，北側入口近くの散策路左手にあるトウネズミモチが関係している。この木は毎年6，7月頃に花を咲かせる。真白いので目立つ。2014年7月も，散策路に小さな花が沢山散っていた。高齢者にとって，あまりに小さな花なので，拾うのさえ容易ではない。肉眼では全くわからないのでいつも通り過ぎていた。

一度は拡大して見てみようと持ち帰った。ケヤキの雄花を観察した経験があったからだ。驚いたことに，路上に降り積もっていたのはトウネズミモチの花ではなかった。カラスザンショウの雄花（♂）だったのである。たしかに，トウネズミモチの花が咲き始めてからずいぶん日が経っていた。

そこで，医学部２号館と七徳堂剣道部のカラスザンショウの樹下の花も調べてみた。やはり，同じ形をしたカラスザンショウの雄花だった。これまで見かけない形の，なんともあたたかみのある花だろう。真っ白の厚みのある花弁と大きい鮮やかな黄色の葯のせいだろう。沢山の花を咲かせているので，雄花の最盛期だったのだろうか，パラパラとつぎつぎに落ちてくる。文字どおり音をたてて。

どの図鑑にもカラスザンショウは「雌雄別株」とある（『山渓ハンディ図鑑４』）。インターネット検索で調べても雄花序(おかじょ)と雌花序(めかじょ)のきれいな写真を別々に載せてある沢山の記事があるが，むしろ，曖昧のまま，花の詳細な記載のない図鑑もある。

なお，カラスザンショウの「雌雄異株」に疑問を投げかける観察をしたという報告は，無いわけではない。しかし，一度だけの観察で，わずか６行の報告であったり（正宗，1969），沢山のインターネット情報のなかにある短い一文であったりで，“疑問のまま”でおわっている。謎が多い花なのである。

第2章　初めて見た雌株に咲く大量の雄花の怪（2014年夏）

2014年7月の日記から――

4（金）

三四郎池（三池）トウネズミモチがよく咲いている，小さな花をよく咲かせ。……アオギリも咲いていることに気づき写真。

15（火）

“トウネズミモチの落花”を持ち帰って調べるとカラスザンショウの雄花だった（樹上にカラスザンショウの枝があった）。

22（火）

三池へ行き，カラスザンショウの花の写真（剣道部）。落ちてきた花は雄花，一方，枝で咲いている白い花はみな雌花，ころりと丸い黄緑の子房。

23（水）

三池で → カラスザンショウの雌花を再確認。医2の木でも。

24（木）

三池 → カラスザンショウ（剣道部）：雌花が咲いているが，雄花はどこからか。雌雄異株に強い疑問をもつことに。

ここからが，自らが経験した疑問である。確かに，本郷キャンパスの３ヵ所のカラスザンショウのどの木でも，地面に散っている花はどれも雄花であった。このこと自体，何ら不思議ではない。しっかりとした鮮やかな黄色い葯が付いている。

日記によると，次にカラスザンショウの花をみたのは，７月 22 ～ 24 日であった。

当時，七徳堂のカラスザンショウの木は，枝がやや低く垂れていたので，比較的容易に花を見て，撮影もできた。また，花序の一部分を失敬して調べることもできた。医学部２号館のカラスザンショウの枝の花序も，どうにか撮影することができた。

両カラスザンショウとも，枝のどの花序も明らかに雌（♀）花だった。黄緑色のころりとした子房と３分割した柱頭をパッチリと見ることができる。このきれいな，清楚な花を見た時は興奮した，つまりは，花序についているのは雌（♀）花ばかりで，雄（♂）花は，枝の花序にはどこにもみつからなかった。散ってしまった♂花はどこについていたのだろう（写真Ⅰ―２―１）。

七徳堂の木で♀花の咲いている花序の枝をゆすってみた，やはり，いくつかの花がぱらりと落ちてくる。どれも♂花である。♂花は同じ木の花序のどこかについていたのだろう。咲いて間もない花序には，多数の雄花がついていたのだろうか。それとも，雄花は，樹冠の，ずっと上の枝で咲いているのだろうかとも想像した。

この 2014 年夏は，確かな証拠を捉えることができなかった。が，七徳堂剣道部入口と医学部２号館の２本のカラスザンショウに関する限り，雌雄異株ではなく，雌雄同株[1)]であると，勝手に決めていた。

１）雌雄異花同株とも。樹木によってか，「雌雄の株が，ころりと逆転することがある」と聞いたことがある，モチノキだったろうか（松下範久准教授私信）。また，イイギリの花について，図鑑（『山溪ハンディ図鑑４』2003）では，「花／雌雄別株，ときに雌雄雑居性」とあるので，カラスザンショウはこのタイプなのだろうか。樹木の花ならではの在り方なのだろうか，素人の自分にとって，いい体験なのかもしれない。

① 散策路に散った沢山の小さな雄花。KZ　E518 の樹下。

② その拡大図。

③ 上段：雌花，５花弁と大きな子房，左２個は手前の花弁を除去している。下段：雄花，飛び出ている葯（花粉）は鮮やかな黄色。スケールは 1 mm。

④ 咲きだした雌花。厚手の５花弁と大きなグリーンの子房と柱頭。

写真Ｉ―２―１　はじめて出会ったカラスザンショウの花

第３章　雄花開花相から雌花開花相への みごとな転化

はじめに

昨年（2014年），樹下に散るカラスザンショウの沢山の花の写真を撮ったのは７月20日過ぎのことだった。この時期，３ヵ所のカラスザンショウの樹下にはどこも小さな雄花が沢山落ちていた。さて，2015年，七徳堂と医学部２号館わきのカラスザンショウの花はどのような経過を辿るのだろうかと，意識して見るようになっていた。

１　七徳堂（東大剣道部）のカラスザンショウ

昨年カラスザンショウの開花の異様な現象に出会って，初めての春，2015年の観察である（表Ｉ—３—１）。七徳堂のカラスザンショウの雄花（♂花）が咲きだしたのは７月５日，大きな花序に緑色の沢山の蕾みがついているが，咲いていたのは数えるほどの♂花だった。７月７日には30％程度咲き，７月10～12日には花序の蕾みの多くが咲きだした。花序の花はみな♂花だった。

開花が盛んになると，地面に雄花がつぎつぎと散る。満開かと思われる日の前後１～２日，落花は最大になり，地上にうっすら積もる。

表Ⅰ—3—1　七徳堂のカラスザンショウの開花（2015年）

7月5日	今年初めて雄花（♂花）が地面に散っているのを観察。花序の蕾みのなかで咲いている花はごく少ない（1～2％咲き）。
7月6日	花序のなかの開花♂花数は増えてきた（数％咲き）。
7月7日（七夕）	開花♂花は黄色の葯が顕著。花序の蕾みのうち，（約30％）が開花し，♀花は1つもない。♂花開花花序には固く巻いた蕾み（約半数）が同居している。
7月10日	とにかく暑い：メモに［カラスZn—花］とだけある。♂花が満開。写真，多数あり。
7月12～13日	開花♂花は2～3日で散り，地上に落花し，うっすら積もる。重要：♂花が散った花序には，咲かずに残った約半数の，固くまいたままの蕾み（直経，2mm）が残っている。（このましばらく続く）やがて，蕾はややふくらみ，白っぽくなる。
7月18～19日	♀花が一斉に咲き出した：白い5花弁と，ころり丸い緑色の子房（3裂）からなる。柱頭は平らで，やや薄い黄緑で，やはり3裂。
7月22日	♀花は咲き終わり，果実の形がはっきりしてきた。1♀花（3裂の子房）あたり3個の果実が結実する。
7月26日	カラスザンショウの果実がほぼ完成，花序には沢山の実が稔った。およそ20日間のドラマが終わった。
10月半ば	濃い赤紫色に色づいた大きな房には沢山の果実がついて，果被がはじけ中の黒く丸い実が飛び出ている。この時期，強烈ないい香りを放つ。

注）2014年，地面に落花した沢山の♂花と花序の♀花を観察。

コメント①

対象カラスザンショウの花序のどの位置の花序の開花の観察なのか。言い訳でもあるが，きれいな花の写真を撮ることが唯一の目標であった。「きれいに咲く花をみると撮る」，依存症に似た行為である。もともと野帳に記録する習慣はなく，苦手なのである。しかし，樹冠のぼう大な花序で写真が撮れる花序は，自ずと，きまってくる。とくに枝が垂れている花序の撮影は，ほぼ同じ位置にある複数の花序が対象である。特定の花序にマークをつけて観察を続けた記録ではない。とくに，枝を大はばに剪定されたあとの木の枝の開花に変化を感じたとき，撮影する枝の範囲くらい決めようと感じたが，このこと自体が難しいし，自由自在に咲く花はそのままでよいと，妥協してしまった。あえて言うなら，剣道部入口のKZの撮影は，おおくはグランドの金網ネット塀を背に撮影し，医学部２号館のKZの撮影は，大木の根元からほぼ14m離れたウバメガシワの植え込みのある中庭に入って，ここから一番近くの（低い）枝の花序の撮影画像が中心である。

ここで注目したいのは，♂花が，ほぼ散った花序には，緑色の小さめの蕾みが多数残っていることに気づいたことだった。花序のすべての蕾みが♂花を咲かせたわけではなかった。

・♂花が咲きだして１週間もすると，七徳堂のカラスザンショウ花序の♂花は“完全に”散ってしまい，花序には♂花が散った花柄の痕跡と，咲かずのまま残っている小さな黄緑色のたくさんの蕾みだけが見られた。はなやかに咲いていた♂花に隠れていたせいだろう，♂花が散ったことによって露わになったのである。その数は初めにあった蕾みの半数くらいだろうか。

・（大雨が続いた後の）７月 19 日，花序を覗いてみると白い５枚の白い花弁と黄緑色の丸い子房の花が，ちらほら咲きだしていた。子房は３裂で，柱頭部は平らで, やや黄緑色がかっている。昨年, ７月 20 日すぎに, 驚きとともに見たカラスザンショウの♀花はこの時期に相当する開花であったと想像できる。

・７月 22 日には，ほとんどの♀花は咲き終わった。もちろん，まだ♀花が一部咲いている花序もある。

・７月 26 日，ほぼ♀花もおわり，丸い果実になっていく。３裂の子房が成長して３個のまるい果実，種子になるが，２個だけが大きく１個は小さいもの，１個のみ大きくなったものなどがある。

2　医学部２号館前のカラスザンショウ

さて，ここのカラスザンショウの大木の花序の観察は，枝の一部が剪定されたことで撮影が難しくなった（表Ⅰ—３—２）。が，枝の一部を，長い竿の先にフックをつけた

表Ⅰ―３―２　医学部２号館のカラスザンショウ（2015 年）

７月初め	（落花している♂花を探したが見つからず）
７月 19 日	♂花がかなり咲き出したことを確認，この日，樹冠下の地面溝にもかなりの♂花が見られた。♀花は見られず。
７月 22 日	♂花が枯れ落ちて，ほぼ無くなった花序があった。♂花の花柄痕跡と多数の緑色の蕾みをつけた花序が目立つ。以降，しばらく，小さな緑色の蕾みだけつけた花序のままでいるが，生長しふくらみ出す。
７月 26 ～ 27 日	♀花が一斉に咲きだした。見事。

注１）医学部２号館のカラスザンショウは，樹高があり，細い棒に針金のフックをつけた道具で枝を引き下ろして花序の写真を撮るのだが，なかなか上手くいかない。

注２）2014 年，地面に落花した沢山の♂花と花序の♀花を観察。

簡単な道具を使って，枝を引き下ろして撮影できた。

・７月 19 日，七徳堂の木から１週間おくれて咲きだした。というより地面に♂花が散りはじめた。満開は 20 日前後であり，樹冠下の地面には♂花が雪のように沢山おちて，溝にはつもっている。満開といっても花序には♂花のほかに沢山の蕾みが残っていた。

・７月 22 ～ 23 日，花序の♂花はほとんど枯れ落ち，花柄痕跡が残っている。花序には，未開花の小さい緑色や，やや白っぽい蕾みが沢山ついている。

・７月 26 日，蕾みから雌花（♀花）が咲きだした。もちろんすべて♀花のみである。
・２～３日後，♀花は緑色の果実になっていった。医学部２号館のカラスザンショウの花の成長経過は，開花が７～ 10 日遅れて始まったが，七徳堂・剣道部入口わきの木の開花と同じ経過をたどった。

3　七徳堂と医学部２号館のカラスザンショウの開花経過

1）７月初旬に♂花が咲きだす。咲いた♂花は２，３日で散る。満開の時期，より正確には，前後１～２日後に地面が散った♂花で被われる。およそ７～ 10 日もすると♂花は樹冠からほぼ消える。そして，花序は緑色をした小さく，固く巻いた蕾みだけになっている。
2）花序に残った蕾みは（満開日から）４，５日してふくらみ，まもなく♀花を一斉に開花させる。
3）咲き終わった♀花は２～３日すると，丸い黄緑色の果実になる。通常，１♀花（子房）あたり３個の種子が結実する。

７月初めに最初に現われた花序のなかのどの蕾が♂花か，どれが♀花か，規則性があるのか不明である。しかし，雄花のステージから雌花のステージへの交替が，時期をずらして一斉に起こる，この現象を目にしたとき，現役時代の研究者魂が蘇えった一瞬だった。

1　2016年７月のカラスザンショウの花
――３年目の観察――

大学キャンパスの２本の大木，カラスザンショウの観察を，意識的に始めて２年目である。この３月，医学部２号館の木は，枝の大胆な剪定をうけた。昨年のように枝を引き下ろして撮影することが出来なくなった。双眼鏡による観察とオリンパスのズームレンズ（40 ～ 150mm）で撮影した写真画像で判定した。七徳堂の木も一部分剪定されたが，フック付きの棒で引きおろして，どうにか花の開花，果実の形成を知ることができたと思っている。

開花経過の観察記録を簡単なメモと画像をもとに，表で示そうと試みた。しかし，結果を見て驚いた。剪定の影響なのか，枝の花序で♂花の開花日にばらつきが大きすぎるように思われた。“２度咲き”の様相を示したのです。最大の原因は，剪定の影響よりも，観察対象の花序を絞って行わなかった初歩的ミスだったのだろう。

2016年の画像データは，参考にはなるが開花経過には乱れ，早咲きと遅咲きの交錯があり，表は掲載しないことにした。

コメント②
2大木でみた雄花開花から雌花開花の経過

開花初日：7月初旬

樹冠下地上に，初めて雄花が数個散っている。花序の枝で，蕾みの一部で雄花が咲きだした日なのだが，見るのは容易ではない。「蝶や蜂類が飛び回る」も重要な指標になる日，こんな日が開花日だろう。

開花2～3日目：

花序の全蕾みの内，黄色の葯をつけた雄花が，見た目で数%～20%程度が咲きだす。突然，大幅に進行することがある。

開花5～7日目

花序の全蕾みの内，見た目で満開の日。沢山の雄花が咲き乱れる。蕾みの内，ほぼ半分くらいか。雌花は1つも見られない。

注）雄花は開花後2日くらいで落花する。が，地上に，うっすら雪が降ったようにみえるのは満開2，3日後。個別の花序の雄花落花というより，樹冠全体の雄花の落花現象と見るのがよい。落花雄花は褐色に変色する。樹冠内で，一斉に起こるように見えるが，枝の部位で落花最盛期の日が若干ずれる。

満開日２，３日後

開花雄花がしぼみ，雄花が落花して消える。花序には，雄花の花柄痕跡が残り，ここが重要な点だが，花序に咲かずに残った，ほぼ半分のかたく巻いた蕾みが沢山ついている。“新たな花序”のスタートか。

注）雄花が落花した後の花序の蕾みが個別に順次雌花開花の準備に入るのではなく，残っている蕾の開花は花序ごとに一斉に行動するようである。どのような機構で行われているか興味あるが，最初の花序の沢山の蕾みのサイズは，大小が入り混じっているように見える。その意味は不明。

「新花序」の展開から雌花開花へ

この蕾が，生長して，ふくらんで，白っぽい蕾みの花序に変わる。早いものでは１，２日で咲きだし，１週後には，ほぼ終わる。大きなグリーンの雌しべをつけた雌花は，白い花弁を散らせ，未熟のグリーンの果実を完成する。

注）雌花開花から未熟果実の形成は早く，雌花満開の時期にグリーンの果実ができていることはよくみられる。成熟して赤紫色の房をつくるのは秋になってから。

※開花は気象要因で大きく“ずれる”ので，あくまで便宜のために作成した。経過図と合わせて参照のこと。

2　2017年7～8月のカラスザンショウの花
――3年目の調査記録――

大学キャンパスの2大木のカラスザンショウの開花経過の調査は3年目になる。昨年の失敗があるが，そうかといって，花序にラベルをつけて観察するのは，大掛かりなことになるし，容易なことではない。もともと花の写真を撮ることに夢中だったので，「枝に咲く花序の位置と方向」を大枠で決めて，開花経過を観察した。

2年前，開花経過の観察をした時から，開花経過を分かりやすく，図で示そうと考えた。誰もが思うだろう。しかし，あれこれ試みたが，この花の開花が複雑なことがあり，困難をきたした。写真で見ると一目瞭然なのだが，難しいものである。最後には，自由気ままに咲く，花のせいにすることもあったが，これは許されないだろう。

しかし，図は，視覚的にわかりよいので，こころみた（図Ⅰ―3―1）。

未開花の沢山の蕾みのついた花序（■）があり，まず，①開花の開始日（△）を重視した，ごく少ない時もあるが1％以下のときもある。②雄花の開花は（○）と満開（◎）で示したが，雄花が開花して1～2日で次々と散ること，花序の雄花が咲きだすと，いっきに満開まで進むが，この満開日を前後に大量の雄花が地上に散ることになる。③雄花は萎み，落花して，花序から雄花が消える（▼）。樹冠の黄色の雄花も一斉に消えていくかのように見える。

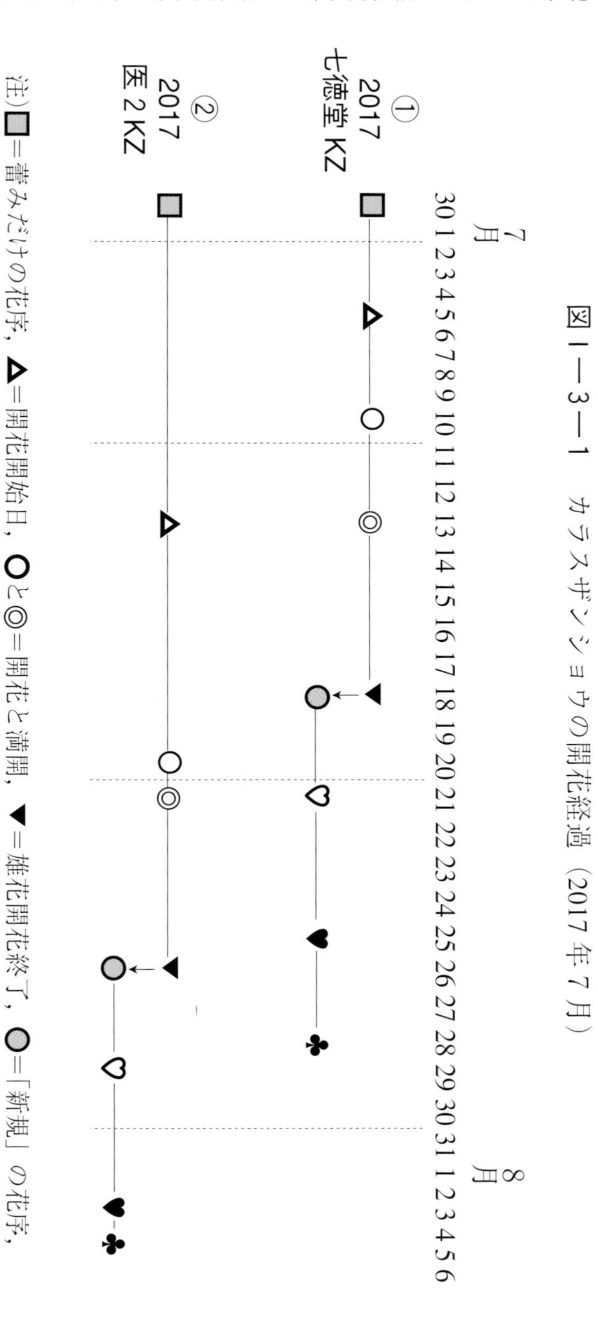

図Ⅰ―3―1　カラスザンショウの開花経過（2017年7月）

注）■＝蕾みだけの花序，△＝開花開始日，○と◎＝開花と満開，▼＝雄花開花終了，●＝「新規」の花序，♡＝雌花開花，♥＝雌花満開，♣＝果実の形成。

①～③のステップは同じ花序内で起こるが，著者が観察を開始してから３年ぐらいして，ようやく疑ったのだが，雄花が散ってしまった後の花序は最初の花序ではない，「雌花用」に変身した花序（◎）なのでないだろうかと。

植物の開花現象で，このような事象は普通なのか，めずらしい現象かはわからないが，いわゆる単純な雌雄異株の樹木ではない，むしろ雌雄同株といえる。このカラスザンショウの奇妙な開花現象を，写真Ｉ—３—１（①～⑫）で，日付を追って示した。６月22日の蕾みだけの花序から始まり，雄花の開花・満開，落花，そして花序には蕾みと（雄花の）花柄痕跡だけが残り，蕾みは膨らみ，７月４日の雌花の満開，大きなグリーンの未熟果実形成と続いた。この一連の開花経過の画像は，図１—３—１—①の2017，七徳堂KZに対応している。

七徳堂のKZについて詳しく述べてきたが，医学部２号館のKZについても，基本的に，同じ経過を辿るのは2014年以来見てきた事実である。

医学部２号館のカラスザンショウの開花は七徳堂の開花よりおよそ10日遅れてスタートした。３年間の観察で，この“ずれ”の事実に変化はなかった（図Ｉ—３—１—②）。

注）開花したKZの花に，多種類の昆虫類が集まってくる。アゲハチョウやハチ類が多い。昆虫名は東京大学，昆虫遺伝研究室の網野海氏にご教示いただいた。

写真Ⅰ―３―１（①～⑫）
七徳堂のカラスザンショウの雄花の開花から雌花の開花，果実の形成

① 6. 22　蕾みの花序。

② 7. 9　雄花が咲きだした。

③ 7. 11　雄花開花がすすみ昆虫類も飛び交う（アオスジアゲハ）。

④ 7. 12　同，雄花開花がさらにすすむ（アカボシゴマダラ）。

⑤ 7. 12　拡大，満開時の雄花と未開花の蕾み。

⑥ 7. 14　開花花序に小さい未開花蕾みが多い 。

⑦ 7. 14　地上に散った雄花，さらにつもる。

⑧ 7. 16　開花雄花も萎れかける。右手のクマバチもよく訪ねる昆虫。

⑨ 7. 18　ほとんどの雄花散った。

⑩ 7. 18　拡大，雄花が散った花柄の痕跡と未開花蕾み（♀花）。

⑪ 7. 24　満開の雌花とアオスジアゲハ。

⑫ 7. 26　雌花の花弁が散り，未熟の果実だけになった。

4　2018年── 観察対象花序を特定した開花経過の調査

2017年で，観察，撮影は終了しようと決めていた。しかし，晩秋になって，葉が黄葉し，落葉した裸木のカラスザンショウを見たとき，一抹の寂しさを感じた。

数年間の観察で，気にかけながら出来ないままになっていることがあった。１本の樹の膨大な数の花の開花が，同樹の枝の花序の位置によって開花日に違いがあるのか，あるとすればどの程度だろうと。一度は調べてみようと思っていたが，いざ始めるとなると，容易なことではない。が，自らできる範囲のやり方で始めた。

1　東大七徳堂，剣道部のKZの開花（写真Ⅰ―３―２）

６月17日，数年間，観察を続けてきた樹木が強風によって，太い枝が１本折れた。この出来事は，この老大木に関するこれまでの認識を改める機会になった。枝折れによって，この大木は，過去に何度も太い枝が切りおとされた痕跡が露見したからである。さらに，これまで見てきた「七徳堂KZ」はこの大木の樹幹から10mほど西側に伸びた枝が張りめぐらした，七徳堂玄関広場をおおっているカラスザンショウの枝群のほんの一部であることも，これまで考えてもみなかった。日常，何も気にしないでいることがいかに多いのか，また思い知らされた。

これまで，大木カラスザンショウの樹冠の枝の部位によ

写真Ⅰ—3—2　グラウンド金網外側から撮影。玄関広場にまで伸びた大枝と右端の花序。

って，開花の時期は１～３日くらいは異なることを見てきたが，樹木の開花はこんなものだろうと見過ごしてきた。今年は，「七徳堂 KZ」の西側と東側の枝についている花序の開花時期に，以前から違いを感じていたので，特定の一部の花序に限定して開花経過を観察・記録することにした。ぼう大な数の花序から，東側１ヵ所，西側１ヵ所の花序だけを決めて，蕾みの形成時から果実の形成時までの観察記録である。選定した花序は，同じ部位から３本の花序が出ているので，まとめて１観察対象とした。周辺の花序もほぼ同じ開花経過を辿るが，今年はこの特定の花序に限定して観察した。さらに，ついでに医学部２号館のカラスザンショウの３花序についても，比較のため調査した。

2　観察結果

観察対象花序を特定した開花経過の結果は，図Ⅰ—3—

２に示した。東側花序の雄花は７月１，２日に開花したのに対して，西側花序は７月７，８日になって開花した。雌花の開花は，東側花序は，７月14，5日に，西側花序は７月20，21日に開花した。西側花序はほぼ１週間遅れて開花したことになるが，正直，こんなに大きなちがいがあるとは思っていなかった。

開花雄花は１〜２日して散るが，樹冠下に散る雄花の数は樹木全体の雄花の開花数を反映している。枝の先端部（西側）の雄花の大量落花数は，枝の中心部に比して，やはり遅れて起こった。2018年の２大木の雄花の量はこれまでになく多かった。

図Ⅰ—３—２のAとB，つまり東側と西側花序のそれぞれ８枚の撮影画像を写真Ⅰ—３—３，Ⅰ—３—４に示したが，雄花の開花から雌花の開花，果実の形成経過は，これまで見てきた観察結果と，非常によく一致している。残念だったのは，七徳堂，西側花序の観察で，雌花開花後の果実の形成過程時に強い日照のせいか，未熟果実の多くは落ち，花序全体が枯れていった。

医学部２号館の大木の開花経過は，大樹の主幹から８m離れた植込みのウバメガシの位置から最も近く，見やすい３ヵ所の花序を選んで観察対象とした。

医２KZの観察データは図Ⅰ—３—２のCに開花経過のみを示し，画像は省いた。2018年夏は猛暑が続いたが，七徳堂のKZとの開花開始日の差，およそ10日は変わらなかった。猛暑はどの樹にも隔てなく起こっているのだろう。

図Ⅰ—3—2　カラスザンショウの開花経過（2018年7月）

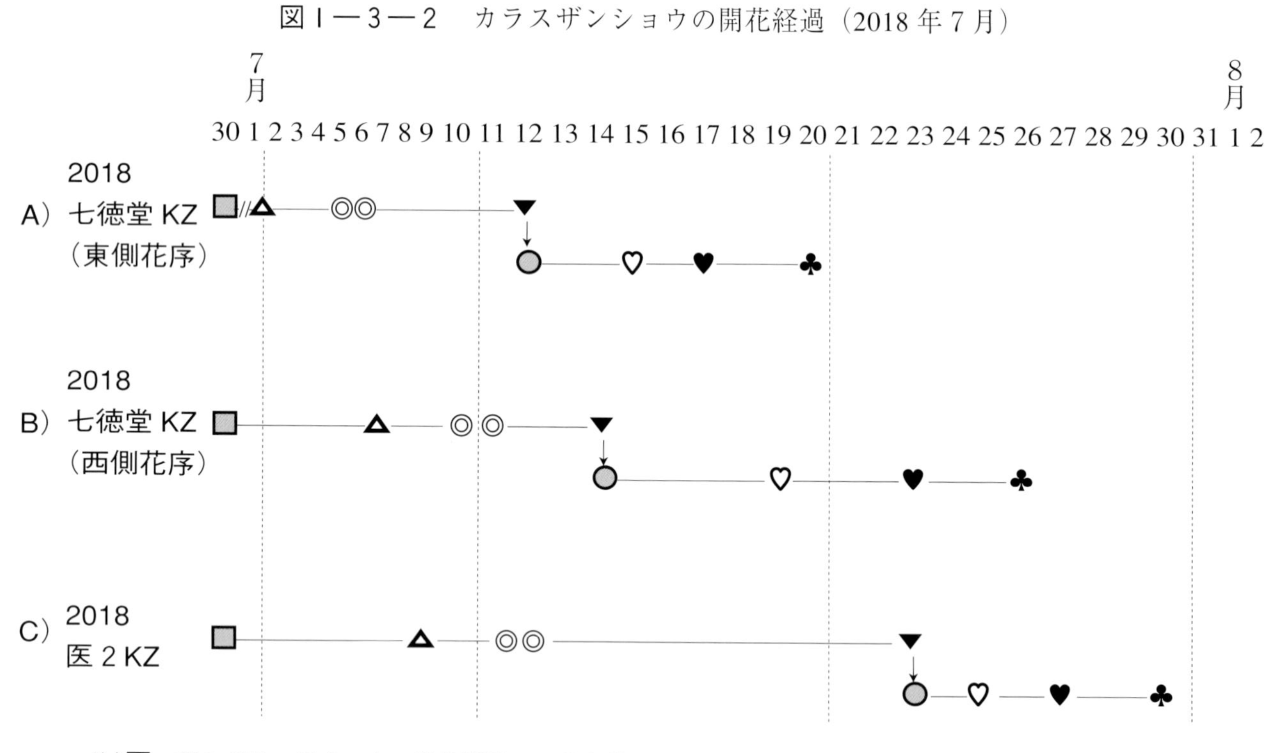

注）■＝蕾みだけの花序，△＝開花開始日，○と◎＝開花と満開，▼＝雄花開花終了，●＝「新規」の花序，♡＝雌花開花，♥＝雌花満開，♣＝果実の形成。

写真Ⅰ―３―３（①～⑧）　A 七徳堂　東側花序

① 6. 30　未開花。

② 7. 3　雄花開花。

③ 7.4　雄花満開，沢山の蕾みも同居。

④ 7.9　雄花は萎みかける。

⑤ 7. 11　雄花はすべて落花，残っている蕾がふくらむ。

⑥ 7. 17　雌花満開。

⑦ 7. 20　未熟果実形成始まる。

⑧ 7. 22　沢山の未熟果実。

写真Ⅰ―３―４（①～⑧）　B　七徳堂西側花序

①7.1　未開花。

②7.8　雄花開花。

③ 7. 12　雄花満開。

④ 7. 16　雄花はすべて落花，残っている蕾みがふくらむ。

⑤ 7. 22　雌花，開花始まる。

⑥ 7. 25　雌花満開。

⑦ 7. 28　沢山の未熟果実が形成。

⑧ 8. 3　形成した果実がほとんど落下し，果軸だけに。

⑨ 8.6　花（果）序軸は変色・枯死がすすみ，数日して消失。

結　論

観察対象花序を特定した開花経過調査をした結果では，樹冠内の花序の位置によって，雄花開花のスタートが１週間も違っていた。調査した２ヵ所の日照の差の影響だろうか。2018年夏の猛暑の影響であるかは不明だが，西側花序の果実の形成に問題はなかったようだが，８月３日以降，果実が次々落下し，８月初旬に観察対象花序軸が変色し，軸ごとなくなった。

医学部２号館KZの雄花開花日と七徳堂東側花序との差異はほぼ10日間で変わりなかった。

雄花の開花から雌花の開花経過については，これらの樹木 KZ では基本的に同じ経過を辿ることを再確認できた。

第４章　三四郎池，安田講堂側入口付近のカラスザンショウ

これまで七徳堂と医学部２号館にあるカラスザンショウの２大木，雌株の開花の観察を中心に記してきた。これらの樹木と隣りあわせにある三四郎池（写真Ⅰ—４—１）の

写真Ⅰ—４—１　三四郎池藤棚のある位置からみた対岸（北）の景色。写真の左側のカラスザンショウ E554（紅），沢山の花序をつけている。右側上のカラスザンショウ，E518（タロ）。両花序は満開（2016. 7. 12 撮影）。

３本のカラスザンショウの開花に話を移そう。

ここの３本のカラスザンショウは濱尾新（あらた）総長像前の坂の裏手の傾斜地に生えている。安田講堂側入口を入ってすぐ右手にある２本と少し先の階段口の１本で，どれも高木である。階段口の１本のほかの２本は，他の樹木の枝や葉が茂って観察を遮り，個々の木の正確な特定さえ容易ではなかった。が，春夏秋冬の木々と接しているうちに我が子のように区別できるようになった。

ここの３本のカラスザンショウにはどれも樹木番号がついているので，それに準じて呼ぶことにするが，番号では，その樹のイメージが浮かばないので，愛称もつけて記すことにした（表Ｉ―４―１）。

E512：ムクノキの老大木（古いポンプ室）横から枝を斜めに安田講堂側の坂まで伸ばしている。著者実測，幹周長，124cm。

よく雄花を咲かせ，濱尾新・銅像まえの坂を下った辺りの樹下に大量の雄花を散らせる。さらに，秋に，沢山の果実の房が付き，地面にも沢山の房が散乱する。剣道部前のカラスザンショウと開花の時期も，ほぼ同じ経過を辿る。雌株ということになる。

E518：黒い石碑の左ななめ約５m 先。著者実測，幹周長，150cm。

表Ⅰ—４—１　三四郎池の３本のカラスザンショウ♂花の開花（2017年７月）

日	E554（雌株）[1] コウ（紅）	E518（雄株） タロ	E512（雌株） ハナ
10	地上の♂花あり	地上に多数の♂花	９日／地上に♂花あり
12	地面に♂花見られず	多数の♂花あり	多数の♂花あり
14	地面に♂花なし	地上に多数の♂花	地上に多数の♂花
19	ごくわずかに♂花	多数の花変わらず	見ていない
20	地上の♂花なし	多数の♂花	地上の♂花なし
23／24	♂花何個か見つかる	落下♂花は沢山あり， 新しい♂花の落花も	24日／♀花がみえる
26／27	♂花みられず	まだ少し，新しい♂花も	♀花が咲いているか

注１）括弧内に記載した雌，雄株は，秋に果実の房をつけたことがあるかないかによった。

この木は2本の大枝を池の散策路に伸ばしている。樹冠下に散った大量の雄花を初めて見たのはこの木である。2016年秋，果実の房の形成はなかった。翌年も果実の形成は見られずに終わった。2018年2月，葉が全部なくなった枝先部の詳細をながめて，花（果）序らしきものは何一つ見つからない。再度，雄株であると確信をもった。そして，2018年の記録（メモ）に貴重な情報をみつけた。

カラスザンショウ，コウE518で雄花が咲き，地上で落花が見られたのは3樹木とも，7月10日頃で変わらない。タロE518は♂花の落花は，長く続き，20日すぎても引き続き多く，さらに肝心なのは，落ちた♂花のなかに，新鮮さをもった♂花があったことは記憶にとどめたい。

小石川植物園の雄株の雄花の開花経過を整理していて，このタロE518の比較的長期にわたる♂花の開花継続と後半の“新鮮な”落下♂花の存在，この記録の意味，それは小石川植物園の雄株の♂花の開花経過の観察結果でも分かったことである。カラスザンショウの雄株の♂花は長期間に咲き続けるという観察結果と一致している。

E554（コウ）：池入口から10数m先，階段登り口のすぐ右，小高い，階段すれすれの位置に生えている。幹周長，著者実測164cm，（1998年の樹高）16mの大木である。2016年，この樹下近くの置き石や地面にかなりの♂花の落花をみたことがある。その秋，種子の房の形成は見られなかったので雄株かとも思ったくらいである。

2017年7月10日，地上の♂花の数は大分あり，とあるが7月12日以降の観察で，散ってくる♂花が数個，異常に少なかったので気にかけて，何度も注意して樹下を探した。枝を見上げても，視力が衰えたこともあり，何の変化も見られない。カラスザンショウの花の観察も終わりになった８月末のある日だった。これは,一体,どうしたのか？あえて下に記しておく。

対岸の藤棚から眺めたこの木，E554（コウ）の花序の様子が変だと気づいた。同じカラスザンショウでもこの木は前記のE518（タロ）に比べて「花序はやや小さめであり，花序の色は黄色よりは白いようだ」と，なにげなく以前から感じていた。さて，この大木の花序はどうなっているのだろう。花序をつけた枝は池に伸びだしている。散策路から，この木の花序の写真が撮れそうな位置を探すのは容易でない。木々のごく限られたすき間しかない。そのうえ，花序まで距離がありすぎる。が新調した望遠レンズの使用でどうにか画像をとらえることが出来た。初めて見る花序であった。どの花序にも沢山の果実が着いている（写真Ⅰ―４―２―①，②）。実の付きがやや疎かとおもわれるが,正真正銘の花序である。また，沢山ある花序の軸が鮮やかな赤紫色をしている。新鮮に感じた花序だった。秋の紅葉の時期が待ち遠しい。昨年の画像との比較が楽しみである（2017年８月22～25日）。

このE554カラスザンショウについては，観察不足と記憶ちがいのせいだが，過去の２年分の黄葉時期の写真

① 8. 23　沢山の花序が開花し，実っていた。

② 8. 25　拡大，花序軸が鮮やかな紅色。

③ 9. 27　この木の枝が，まもなく枯れはじめた。

④ 2018. 4. 24　さらに翌年，木全体が枯れ，枝は芽吹かなかった。

写真Ⅰ—4—2　カラスザンショウ，E554 紅の開花（2017）

① 120cm 高の切り株

② 階段昇り口の切り株

③ 直径 55cm の切断面と池水面。

④ 山積みされた幹部分の切断ブロック。

写真Ⅰ―4―3　カラスザンショウ，E554 紅

（2013 年 11 月 29 日と 2015 年 12 月 5 日）がみつかった。秋に鮮やかな，黄葉が際立っていたので撮影したのだと想いだした。濃い赤紫色の沢山の果実の房が着いたカラスザンショウが写っていた。

ここで，大いなる疑問は 2016 年，注意して観察したにも関わらず，11 月 25 日の画像にも，何ひとつ果実の房らしいものは見られなかったことである。隔年結果があるのだろうか。

さて，2017 年，見事な果実の房の形成は一体，この木に何か異変が起ったのだろうか。♂花の散る時期に地上に散る♂花の数が異常なほど少な過ぎると感じたのは，一体，何を意味するのだろうか。

このコウ E554 の木については，花序の“お皿”が小さめなのが気になっていた。また，2017 年秋，落下した羽状複葉が他の木に比べて短いのも気になっていた。2018 年の開花が楽しみであった。

ここで，非常に残念なことが起こってしまった。この E554（コウ）カラスザンショウの木の枝が枯れ始めたのである。初秋に，どんどん枝の枯れがすすんだ。せめて，果実を得たいと何度も注意して拾おうと試みたが，落ちた実はすべて池の水の中，１つの種子も入手できなかった。どうにか，まだ生存していること，そして 2018 年 7 月に花の開花が見られることを願っていたが，2018 年春，このカラスザンショウは芽吹かなかった（写真Ⅰ―４―２―③，④）。枯れた。

そして，８月，枯れた枝の一部が伐採され，10 月 2 日，大木は切られた。地上120cmの切り口は直径55cmあった。30cmと50cm長の輪切りが20数個山積みにされていた(写真Ⅰ—4—3)。この日がお別れの日だった。

高台の切り株の位置から三四郎池の水面が映えて写っている。KZコウは何歳だったのだろうか。

追　記

カラスザンショウE554(紅)にこだわる理由がある。「雄花の咲かない雌株が本当にないのだろうか」,「もしあるとすればこのKZ E554が，その可能性が高いのではないか」とこだわり続けていた。気づくのが1年遅かったのは残念である。

第５章　小石川植物園のカラスザンショウ

は じ め に

通称小石川植物園の正式名は「東京大学理学系研究科付属植物園」である。

ここ東京・文京，本郷の地に引越ししてから，年に３度はでかけていた。妻を失ってから健康のため散歩を始めてから回数は大幅に増えた。本郷キャンパスのカラスザンショウの花の観察がきっかけで，小石川植物園のカラスザンショウの花はどうなっているのだろうか，自然な問いかけであった。

2016 年７月８日，開花の時期に訪ねた。が，広い鬱蒼とした樹木の多いなかのどこにこの木があるのか，皆目見当がつかなかった。

ウメ林に隣接するハナショウブ園で一本一本丁寧に植えかえ作業をしていた方に話しかけてみた。これが幸いした，作業を中断して，３本のカラスザンショウを案内していただいた（山口正さん）。どれも高木なのでよく見えないが，同時にやや低めの木がごみ置場近くにあることも教えてもらった。また，「カラスザンショウは“厄介な木”である」とも話してくれた。繁殖力が強く，雑木扱いされるのは，若い木の棘が鋭くやっかいなせいだろう。

ホームページに「カラスザンショウの位置」のページを

図Ｉ―５―１　カラスザンショウの位置

①：　E13 c　●　どろんこ坂右側、雌株

②：　F12 a　●　コクサギ坂中程 右側斜面、雌雄未確認

③：　G10 c　●　職員宿舎の先、雄株

④：　E9 b　●　標識52番の角、恐らく雄株

⑤：　E9 ac　●　標識52番の先、恐らく雄株

⑥：　D7 ac　●　小山の頂上付近、恐らく雌株

出所：www.geocities.jp/kbg_tree/sanshou-karasu/ailanthoides.htm
（高橋俊一）より。

見つけて，３日後に再び出かけた。この情報をもとに，カラスザンショウのある７ヵ所の木々の花を双眼鏡で見て歩いた。高木なので容易ではない。

2016 年の秋 11 月 18 日と 23 日，植物園のどのカラスザンショウも黄葉していた。まだ，葉が付いていてやや見にくかった。が，種子は暗赤紫色の大きめの房になるので，確認し写真を撮った。

「カラスザンショウの位置」の図には，植物園の全体図

に，カラスザンショウがある位置と簡単な説明が記されているので，７月と 11 月の観察結果をこれと照合した。

①～⑦の記載内容はほぼ確認できた。なお，この小石川植物園のホームページから入って検索できる「カラスザンショウの項目」の著者は高橋俊一氏であることを後になって知った。また，高橋俊一氏のホームページからも直接検索できることもわかった。高橋氏のカラスザンショウに関する記述内容は非常に詳しいので著者にとっては唯一の貴重な情報であり，図Ⅰ―５―１として参考にさせていただいている。本郷キャンパスの樹木には樹木番号がつけられているが，小石川植物園の樹木には番号は無いので，個々の樹木（KZ）の特定に唯一の手掛りとさせてもらった。

この図Ⅰ―５―１には，「山地植物栽培場」と「ごみ置場（除草や枯れ枝）」のカラスザンショウは含まれていない。

「職員宿舎先の木」雄株一本立ちの大木　開花時の花序の観察が容易な“唯一の”カラスザンショウ。**左：**雪が残る（1. 27 撮影）。**右：**台風24号で折れた枝が見える（10. 7）。

「凹地カラスザンショウ」雌株　くぼ地をごみ置場に利用している。後述するが，この木は重要な意味をもつように思われる。**左：**台風で相当数の葉が落下した（10. 7）。**右：**凹地に根を張る大木。2方向に伸びた太い幹。

写真Ⅰ—5—1　主要な2本の小石川植物園のカラスザンショウ

1　2017 年小石川植物園の カラスザンショウの観察調査

主要な目的は，雄株の開花経過を知ることであったが，前年の観察結果をもとに，主な観察目的を次のように定めた。

1　雄株とされる木の花の開花と経過

本郷キャンパスの，「(種子を付けない）雄株，しかも花序が見やすい位置にある木」は当初は全く知らなかった。小石川植物園の大木の花序の観察も容易ではないが，後半にはオリンパス望遠レンズ，M. ZUIKO DIGITAL/75-300mm を使って，どうにか複数の雄株の開花を見ることができた。

2　本郷キャンパスの雌株の開花と経過との比較

植物園で雌花を咲かせ，種子を付ける雌株はどれか？果実をつけるまでの経過を観察する。

上記，１と２の条件を満たす植物園のカラスザンショウを表Ⅰ—５—１のように決めて観察調査することにした。なお，個別のカラスザンショウは図Ⅰ—５—１（高橋俊一氏）に記されている呼び方を参考にした。

表Ⅰ—5—1　開花経過の観察に供試したカラスザンショウ

①「職員宿舎の先の木」(雄株)[1]，西側から見た花序。
②「山地植物栽培区の木」[2][3](柵内，雄株＊)，標本園側から見た花序。 同じ柵内の西端標識 52 番近くにも 2 本の KZ がある雌株（2018, 11）。
③ ごみ置場区の木[4](雌株＊)，樹木すぐ近くでの撮影不可能。なお，ごみ置場は凹(くぼ)地を利用していることを知ったので，その後，「凹(くぼ)地カラスザンショウ」と呼ぶことにした。
④「小臭木(コクサギ)坂の木」
⑤「小山頂上の木」
⑥「標識 52 番の角の木」(E9b)
⑦「標識 52 番の角の木」(E9ac)

1）唯一の一本立ち。幹周長は 180cm の大木，樹高，約 16m。

2）② と ③ は著者がとりあげた。＊印の雌雄の判定は 2016 年の観察，開花と種子の有無で確認した。

3）春先の花序はみごとだが，花の撮影には距離がありすぎる。標本園側の柵から見える 2 本の雄株の位置は，東大大学院生命科学研究科，森林植物学研究室，松下範久准教授と同小石川樹木園佐々木潔州氏の協力で，柵内入所許可を得て実測した。標本園柵から 12.6m 離れていた。この並んで 2 本ある木の幹周長は，左：143cm，右：91cm で，後者は斜めに伸びているので左手にみえる枝で，やや低い。

2　小石川植物園のカラスザンショウ雄株の雄花の開花経過

図Ⅰ—５—２は，２ヵ所のカラスザンショウ雄株の♂花の開花経過を観察した結果である。

まず,① **の職員宿舎の先の木**（写真Ⅰ—５—２）と **②の山地植物栽培区（柵内）の木**（写真Ⅰ—５—３）

① の木は，② の木より５日～１週間遅く咲きだしたが，ほぼ同じ経過を辿った。まず，黄色の♂花が一斉に咲きだした時にも，膨大な数といったほうがいい，多くの蕾みが同居していた。“満開”期か，多数の♂花が樹下に散る様子は，① の木の歩道地上を覆う枝下で見られた。が，肝心の樹冠下は長い雑草が生えていて確認は難しい。本郷キャンパスの雌株のように，一斉に♂花が散り，蕾みだけになる光景はなく，雄株では雄花開花・落花後にも同居している蕾みは多く，次々と“いつまでも”♂花を咲き続ける様子が観察された。この開花経過は，一本立ちの「職員宿舎の先の木」でも，「山地植物栽培区（柵内）の木」でも同じ開花経過を辿った。両樹木とも，花が完全に終わると花序軸は赤茶けた色に変色し，黒ずんで，すべて枯れ落ちた。羽状複葉は何事もなかったように青々と秋まで生育続けた。

さて,「蕾みから，ごく一部でも雌花を咲かせないのだろうか」と興味をもっていたが，すべてが♂花であった。ただ，① の「職員宿舎の先の木」で，８月末まで生き残

図Ⅰ―5―2　カラスザンショウ雄株（小石川植物園）の開花経過図

2017年　職員宿舎先カラスザンショウ:7/6~8/22

♂花の開花（▽，7/11）から8/23までの記録

```
      7/10              7/20                     7/30                  8/10           8/20
×－×－－▽－○－－◎－－◎－－◎″ －－－○″ －－○″ －－－○″ －#－－－○－－##－－－－#－－－－－
                                  @      @                            β       β
```

2017年　山地植物栽培区カラスザンショウ:7/6~8/22

♂花の開花（▽，7/6）から8/23までの記録

```
   7/6    7/10              7/20                  7/30                 8/10           8/20
×－▽－－◎－◎－－◎－－◎－－◎″ －－－○″ －－○″ －－－○″ －#－－－#－－##－－－－#－－－－－
                          @        @      @                            β       β
```

×，花序はつぼみのみ；▽，♂花開花開始；○，♂花開花；◎，♂花開花盛ん；◎"，○"，♂花の萎れが目立つ；#，##花が散り，花柄と花軸が目立つ；@，新たに咲きだした♂花がとくに目立つ；－，観察なし・不明瞭，β，花柄や花軸が（黒）褐色に変色，枯死。8/23以降の観察では花軸も枯落ち，樹冠は緑の葉だけに変化。

写真Ｉ―５―２　① 職員宿舎の先の木　**上段左：**7/13　雄（♂）花が咲きだした。**上段右：**7/22　開花♂花の数が増え，緑の蕾みが沢山同居。**中段左：**7/26　萎みかけた♂花と新たな開花。沢山の蕾みは鮮やか。**中段右：**7/26　♂花満開と沢山の蕾みは雄株の典型か。**下段左：** 8/2　雄花開花の終盤か。**下段右：**8/4　ほとんど軸だけの花序が増えた。

写真Ⅰ—５—３　② 山地植物栽培区（柵内）の木　　**上段左：**7/13　花序満開か，沢山の蕾みが同居。**右：**7/15　オレンジ色の葯をもつ♂花が満開だが，蕾みの動向は？　**中段左：**7/26　花序にはオレンジ色の♂花と緑色の丸い，蕾みだろう。**右：**8/2　咲いている♂花があるが，褐色に変色した花序や軸だけの花序あり。**下段左：**8/2　花の咲いている花序，濃い褐色に枯れた花序，軸だけの花序等，同居。**右：**8/11 日　褐色に変色し，枯れた花序が顕著になった。軸だけの花序もあり。

写真Ⅰ—５—４　職員宿舎先の木（雄株）の２花序の一部に咲いた数個の雌花と未熟の果実か（2017年秋）

っていた２花序で，雌花らしきものが十数個みられ，３個の果実が実ったが，未熟のまま落下し，見失った（写真Ⅰ—５—４）。

④ の小臭木坂（こくさぎ）の木　７月初めの開花時期の写真の撮影はできなかったが，８月８日～12日，高所の複数の花序の撮影ができた。どの花序も典型的な雄株の開花終盤の花序（軸）をつけていた。雄株で間違いないのだろう。

しかしながら，“不思議な光景”に出会った。

歪（いびつ）な果序の正体は？

なお，このコクサギ坂中程右側斜面のカラスザンショウの花（果）序については大変に興味深い現象が見られた。期待していた現象とも言えなくはない（写真Ⅰ—５—５）。

通常の雌株で見られる大きな果実の房は１つも見られなかった。花柄についた２～３個から数個と極端に少ない果

枝に付いている花序と果実（左右とも）。

落花した花序と果実（上下とも）。

写真Ⅰ—5—5　コクサギ坂の木の花序に形成された“歪な花序と果実”（2017年秋～冬）

実をつけた“歪な形”の花序が樹冠の枝の何ヵ所かに，ぶら下がっていた。時折，樹冠下に落下した歪な花序は，通常花序より極端に小さいが，殻と中の黒い種子は，変わりないと感じた。この“歪な形”の花（果）序は，12月末でも枝上でみられた。２月になってもかなりの数，枝についているが，落下してきた花序の実は種子のない空であった。“歪な形”の花（果）序の種子が発芽するのか試みているが，今のところ発芽していない（写真Ⅰ―５―５）。

⑥と⑦の標識52番角の２本の雄株

小石川植物園のカラスザンショウの観察の重要な目的は,雄株の開花経過を知ることだった。時間がかかったが,概略がつかめた。観察の要点の１つは，葉が散った11～12月の枝の観察によって，果序（花序）が付いている木かどうかが分かることだった。

なお，このことによって，本郷キャンパス三四郎池の樹木で混み合った場所の木がカラスザンショウの雄株であることが確証でき，また歪な実がないことも確認できた。

さて，問題は，小石川植物園のホームページにある「カラスザンショウの位置」の地図に記載されている標識52番付近にある２本のカラスザンショウの観察結果である。2016年7月10日の調査で花が咲いていることを確認し，11月23日の調査で果実の房が見られない。両木とも雄株と判定される。

⑥ の E9b, 標識 52 番の角，雄株：名札なし

胸高の直径約 60cm。2016 ～ 2017 年の観察で，果実の形成は見られなかった。翌年（2018. 2）の観察でも花序らしきものは一切見られず，雄株。歪な花序の形成は見られなかった。

⑦ E9ac, 標識 52 番の先，雄株：名札あり

胸高幹周長 180cm。黄葉は E9b より，やや遅れて始まった。また，大きめの小葉が密集している（2017. 12. 8）。翌年（2018. 2）の枝の観察でも，果実の形成は一切見られなかった。雄株。歪な花序の形成も見られなかった。

3　小石川植物園のカラスザンショウ雌株の開花

1　③凹地カラスザンショウ（KZ）（雌株）

凹地 KZ は 2017 年 7 月 11 日には，まだ蕾みだけがぎっしりつまっている。7 月 15 日に，ごく一部の花序で３個の♀花が咲いたが，7 月 29 日になって，はじめて雌花が本格的に咲きだした。そして，8 月初めに緑色の果実がぎっしりつまった花序が見られた。

データ整理の時に気づいたのだが，ごみ置場 KZ 花序の蕾みは，雌花開花直前の，膨らみだした沢山のつぼみをつけた花序を精査しても，「雄花の花柄の痕跡らしき」ものは観察されない。果たして雄花の開花はあったのだろうか。

2　⑤「小山頂上の木」（雌株か）

この木は，2016 年の花と種子の観察から雌株だと判断していた木である。

7 月 16 日の雷雨で樹冠下に落ちた複数個の花序（部分）を見つけ，撮影できた[2)]。沢山の蕾みと，雌花がきれいに咲いた花序（部分）画像も撮れた。図Ⅰ—５—１にも「恐らく雌株」とあるが，文字通り「雌株」であるとおもわれる。また，8 月半ばからこのカラスザンショウには，樹冠の果序に沢山の果実の房がついていることを確認した。

「どろんこ坂右側 KZ」も，雷雨で散った花序の一部で蕾みと雌花が観察された。これまでも沢山の果実の房を観察している。

3　小山山頂の大木の子孫か

小山の頂上から標識34方向に降りる道の右手に，名札のあるカラスザンショウが４本見つかった。名札があるので，たんなる雑木ではないのだろう。No. 543とNo. 545の２本は，立派な果実の房をつけていた（表Ⅰ—５—２）。

この一角のカラスザンショウは，小石川山頂の大木，雌株の子孫だろうか。

表Ⅰ—５—２　小石川山周辺のカラスザンショウ
（2017年12月12，13日）

山頂の大木	名札有。直径60〜70cm／胸高幹周長約200cm？（大木タブノキがすぐ近くにあり）
ゆるい傾斜面のカラスザンショウ	山頂から下る右手斜面；狭い区域に種々の樹木が密集，斜面直ぐ下は崖。
No. 543の木[1)]	名札有。胸高周幹長，93cm。
No. 544の木[1)]	名札，無。胸高周幹長，100cm。
No. 545の木	名札有。胸高周幹長，120cm。
枯れかけた木	名札有。胸高周幹長，116cm。

注１）果実房が観察された２本。

おわりに

小石川植物園は広く，はけのある丘陵地にあるので，10本ほどのカラスザンショウの木を一回りするだけで時間が要る。個々の木に慣れるまでも時間がかかった。

ここでは，目的意識的に「雄株の開花経過」を見るのが目標であった。そして，それなりに観察目標を達成できた。しかし，多くのKZの木を見ていると，次々と疑問がでて開花経過を精査することは容易なことではないことを知った。雌雄株の開花現象にどんな謎や問題が隠されているのか，ここのカラスザンショウたちは少しずつしか秘密を明かしてくれない。

第II部：画像で観る木　カラスザンショウ
——2018年の新たな出会い——

昨年2017年8月末，カラスザンショウの開花経過の観察をほぼ終えたと判断して，約4年間の観察結果を自己流にまとめた。これが第I部の内容である。

観察は4年間つづいたが，集中した開花の観察は6月末から8月の間で，それ以外の散歩は漫然と木を見ていたのだろうか。開花の観察も終始，高木であることが最大の困難であったが，文字通り高嶺の花なのである。

開花の観察がまとまったころだった，数年前から樹木の種類の鑑定やキャンパスの樹木に関して，ご教示を仰いできた東京大学・大学院森林植物学研究室　松下範久准教授からカラスザンショウ関連の数編の資料（文献）のコピーをいただいた。その中に当研究室の元教授倉田悟氏が書かれたカラスザンショウの記事のコピーがあった。カラスザンショウの花序の手書きのカラ—図版である。前年の枝の先端部分から今年伸長した先端部分（緑色）から，太い，がっちりした茎，葉軸と開花した雄花の花軸が伸びた図版であった（『原色日本林業樹木図鑑　2巻』地球出版，1968）。この図を見た時，ショックをうけた。華やかに咲く黄色の雄花や何ともいえない真っ白の5花弁と大きい黄緑の柱頭の雌花だけに惹かれ，「花序は枝のどこから出ているのか」，全く見ていなかったからである。葉が繁っているので，見えないというのは言いわけでしかない。

倉田先生のカラスザンショウの記事，とくに手書きのカラー図版を見た時，「対象を“よく見ろ”」と言われていると感じた。ショックだったし，大変な刺激だった。

この図を見て，実際のカラスザンショウの花序は枝のどこから伸長しているのか，いますぐに調査しようと思い立った。10月6日，カラスザンショウの果実（房）が赤紫色に色づき始め，樹木全体が葉と果実で鬱蒼とした時期だったが，知人に手伝ってもらって，枝を引きおろして数か所の花序の基部を捉えた画像を撮影した。混み合った葉と果実の房で気にいった画像は容易に撮れない。撮影した画像の中から枝と花序軸基部が写っているものを探して見た（写真Ⅱ—6—1）。

花序軸が伸長している部位は，前年の枝（茶褐色）から今年伸びた緑色の太い茎の先端部，花序はここから出ていた。通常3本のしっかりした花序軸，ときに小さめのもう1，2本があること，さらに同部位から羽状複葉（軸）が1本，生えていることを初めて知った。つまり，枝に咲くカラスザンショウの花序は，何本かの花序軸と1，2本の羽状複葉が1セットをなしていることを知ることができた。しかしながら，このつかの間の観察だけでカラスザンショウの花序への疑問が解消しなかった。

花序については第Ⅱ部で何度かとりあげることになる。とくに，カラスザンショウの花序へのこだわりは，どうして花以外の“木”をもっとよく見てこなかったのかという強烈な反省からであった。

写真Ⅱ—6—1　七徳堂のカラスザンショウ。熟れた種子をつけた花序と枝の先端部から伸ばした花序軸と葉の軸。

木の観察に関わるもう1件の失敗は，三四郎池のカラスザンショウの大木（E554）の枯死であった。この雌株の雄花開花は，“どこか”変わっていた。しかし，樹木の生活サイクルは1年である。詳細を観察する必要を本気で感じたその年に，雄花がわずかに開花 ⇒ 雌花がみごとに開花し ⇒ その直後に枝が枯れ始め，秋に樹木全体が枯死し始めた。もう１，２年早く気づいていれば，新しい情報が得られたであろうと思うと残念である。

著者は，「カラスザンショウの開花の観察」を2017年で一区切りと考えていたが，昨年10月から，晩秋から冬季の樹木に関心を持つことになり，これまで観察してきた主なカラスザンショウの木を，冬季は不定期だが１～２週間に１，２度の間隔で散歩がてらに観察し，撮影し続けてきた。

この時期に，樹木KZは黄葉し，落葉して，文字通りの裸木（はだかき）の姿を見せてくれた。この期間に，これまで気づかなかったカラスザンショウの樹冠と枝葉の変様，つまりは小葉が落ちたことにとって，見えてきたカラスザンショウの樹冠の内部の枝の姿に出会うことになった。新鮮なものに触れた歓びをおぼえ，同時に自らの未熟さを強く反省した。

したがって，この第Ⅱ部は，2017年晩秋から2018年秋にかけて出会ったほぼ１年間の観察記録であり，しかも，カラスザンショウに関する開花以外の観察も含めた，かなり重要な観察結果を追加することになった。

コメント③ —— 倉田悟教授

大学院生だった頃，倉田悟先生は「仙人」と呼ばれていたように記憶している。愛嬌でそのように言われていたのだろうか。私が，文字どおり永年，大学院生から助手生活していた研究室は同じ３号館１階の北側にあった。先生は，痩せ形，上背もあったように思うが下向きに考え込んで，如何にも哲学者風であった。当時，農学部には，明治生まれの気骨ある教授が大勢いて，アカデミックな学風に満ちていた。倉田先生の研究分野は「シダ植物」だったと記憶しているが，役にも立ちそうにない植物の研究で，自分とは「全く」関係のないことをやっている先生であった。定年退職して，キャンパスの樹木を見て歩くうちに，元 倉田研究室の松下範久先生に教えを請うため何度か訪ねることになったが，研究室の書棚には倉田悟先生編纂の書籍がズラリと並んでいるのを目にした。さすが，仙人先生は大仕事をしていたのだと，何か運命的再会を感じた。

2018 年夏，分厚い本が贈られてきた。農学部助手時代の知人，「東大出身である，浅見輝男茨城大学名誉教授の自叙伝」である。この中に，倉田悟先生の記事があった。意外だった。先生は東大職員組合の委員長までし，人事院まで交渉にいった人物であると。また，生涯独身だったともあった。

第６章　カラスザンショウの花序の四季

本郷キャンパスの散策は周年，つとめて続けているので晩秋から冬季のKZの木も何度も見てきた。多くの写真画像もある。しかし，対象はありすぎて何か目標がないと，ひとは対象を漫然とみていて，よく観ることをしないもののようだ。したがって，晩秋から冬季にかけて“意識して見た”木や枝の画像ということになるだろうか。

1　冬季にみるカラスザンショウの枝の奇妙

1　黄葉期のカラスザンショウ

黄色からオレンジ色に変化した大きな羽状複葉の小葉が落ち始めると，地面に沢山の葉軸の落下が目立ってくる。鮮やかな黄赤褐色で，長さは50 ～ 60cmはある。小葉の痕跡があるので分かり易い。葉軸は樹冠下に沢山落ちるが，一方，果実の房は枝から離脱しにくく，いつまでも枝上に残っているものが多いのも特徴である。が，この時期になると，葉で遮られていた枝の内部の様子が見やすくなる。もし，花（果）序や種子の房が枝に付いていれば，はっきりと確認できるようになる。とくに，雄株の枝の花序，たとえ，小さくても果実（房）が付いているかどうかの確認には貴重な観察ができたのである。小石川植物園の「職員宿舎の先の木」や「コクサギ坂の雄株の木」の花序の確認には大いに役立った（写真Ⅱ—６—２）。

（2017 年小石川植物園の雄株，職員宿舎先の木）

2017. 12. 7，黄葉し，落葉し樹冠内部も見える。

2018. 1.. 5，同上，裸木（はだかぎ），まだ長い葉軸はしっかり枝先端部についている。また,奇妙に,らせん状？の枝が目立つ。

写真Ⅱ—６—２　晩秋から冬季に見たカラスザンショウの画像①

2　棒状の枝の時期

12月末から２月になると，これまでに見なかったカラスザンショウの樹冠の姿がほぼ全体が見えてきた。晩秋から冬季のカラスザンショウの枝を見たことがなかっただけで，驚くのは間違いなのだろう。が，まず，枝の先端部が太いのに驚いた。ケヤキの梢の繊細なことは前川文夫先生の著書にある。このことは，数年前に気づき三四郎池に多いアカメガシワの梢は讃岐うどんで，ケヤキの梢はソーメンだと思ったことがある。しかし，今回見たカラスザンショウの枝先は，どうみても梢のイメージではなく，棒のようなものである。

この棒状の枝の先端部には，２月に入っても，カラスザンショウの果実の房は完全とはいかないが，果実の房が枝にかなり残っている。また，既述のように葉序は，小葉がとれて軸だけになってもまだ,枝に残っているものが多い。どちらも，棒状の枝の先端部についているので，春先に古い太い枝先から伸長した緑の新しい枝部分から，花序と葉軸が共に出てきたことは確認できたことになろう（写真Ⅱ—６—３）。

（三四郎池のKZ）

左：2017. 12. 29，雄株E518（タロ），小葉が完全に落ち，枝先に残っている葉軸が目立つ。**右：**鮮やかな赤色の葉軸が何本も輝いている。

2018. 2. 8，同上，葉軸も落ちて太い特徴ある枝群が太陽を浴びている。

写真Ⅱ—6—3　晩秋から冬季に見たカラスザンショウの画像②

3　奇妙にねじれた枝

２月に入ると，葉はほとんどなくなり，樹冠の先端部は澄みきった青空にくっきり浮かび上がる，沢山の太い枝である。太陽に照らされると，花序軸や葉軸が付いていた大きな痕跡が枝に見られる。さらに，目立った景色は，太い“ねじれた”枝であった。いろいろな方向に，多様な捩れ方をした枝は，芸術的に造られたかのようにさえみえる。先端に，花序軸や葉軸が残っているものがあるので，通常の，曲がっていない枝と同じ機能をもっているのだろう。雄株や雌株間で差異は見られない。

何故，このような捩(ねじ)れが生じるのだろうか。この，おかしな形態には，つい何枚もの写真をとってしまった（写真Ⅱ—６—４）。

4　医学部２号館の大木 KZ の晩秋の景色

ここの大木は建物が後ろにあるが，１本立ちで全体がよく見える。そのうえ，毎年，沢山の果実の房をつけ，いい香りを発する。ハトが群がり，地上に実った房を散乱させる。これが晩秋の KZ の最高の景色でなかろうか（写真Ⅱ—６—５）。

2018. 1.6，雌株 E554（紅），奇妙なカーブを描く枝，この枝のカーブやらせん構造は，カラスザンショウの一般的な性質のようだ。

2018. 1. 15 撮影，E554（紅），この時，すでに枯死していたのだろう。

写真Ⅱ—6—4　奇妙にねじれた枝

① 大木の枝とその形，枝先の花（果）序。

② 大量にみのる大きな房はまだ，枝に沢山あった（12. 2）。枝の特徴にも注目下さい。

写真II—6—5　晩秋の本郷，医学部2号館のKZ（①～④）

③ ドバトやキジバトが群がり，興奮して食べ，房を散乱させる。

④ 11. 10，小葉は既に落ちたものが多いが，葉軸は沢山散らばっている。

2　カラスザンショウの花序とその構造

倉田悟論文の画像に接して以来，カラスザンショウの花序に，執拗にこだわることになった。

開花の季節になると，カラスザンショウの個々の花が見えなくても，離れた位置から見て，大きな花序を見て今年も咲いているとわかる。図鑑をみると，カラスザンショウの花序は散房花序と記載されていることが多い。まとまった花の集まりが，何故か平面に，いわば真っ白の洋皿のように並んでいるかのように見えるのは，散房状の花序といわれる。

単純にパターン化された花序を見ても,専門家でないと,それを理解するのは容易でない。もちろん，典型的で分かり易い花序もあるが,「カラスザンショウの花序は？」と疑問をたててみた[1)]。

1）難解な植物形態学用語は，知識がない，慣れていないことが主な理由だといわれそうだが，もう１つの理由は多様な変異を繰りかえしてつくられたこの形態は,「これはこうだ」と規定できることから外れた，“例外が多い”形態をした現在，今ある植物の姿でもあるからだろう。別の言え方をすれは，研究者がつくった用語通りにぴったり合うものは“必ずある”が，典型的型から「大幅に」ずれたものが遥かに多いので戸惑うことになるのだと言うと，言い過ぎだろうか。

木の幹から離れた位置から眺めた花序は平らな白い洋皿のようなので，散房花序だろうかと考えていたが，そんなに単純に考えてよいのだろうか。カラスザンショウの花しかり，とくに高所の花は直に見ることが困難なことがその最大の原因である。

花序について，倉田悟氏のカラー図版の説明で，「新枝端に大形の集散花序を頂生し」とあり，散房花序とは書かれていないことが気になった。植物の形態形成の多様性とその複雑な記述は，素人にはわかり難く，縁遠いものがある。ただ,遠くから眺めたカラスザンショウの花序(束)の,先端部分が何とも“平らな空間を占めていること”は不思議であり，植物の枝，葉や花が固定化された根部から伸長し,空間に具合よく伸長して太陽光をうまく利用している,その知恵は“生きているものに共通の”生命力とでも言っておくしかないだろう。永劫の時間をかけて創りあげられたのだからだろうか。こんなときだけ，“神の技”があたまのどっかをよぎってくる。

ちなみに，小林正明氏によると，「集散花序の内容は，なかなか分かり難い」[2]と。その集散花序の意味は，「花茎の一番上についた花が最初に咲きます。下の方の花があとで咲くので，下は地表までの距離に限りがあり，有限花序とも言う」と。「第１に花軸の先端に花が咲くこと，第２にその下部から伸長した，側枝のその先端に花が咲く。これを繰りかえして，下へ下へと花が咲くことだという。いずれ行き止まってしまうからだ」という。上へ上へと側枝を出して花を咲かせる，無限花序と区別されている。小林氏のこの本は素人にもわかりよい素敵な書であると思う。

福原達人氏によると，「集散花序のパターンでも，下につく花ほど花柄が長く，花が皿状に並ぶパターンは「散房状の集散花序」という[3]」とある。花序の定義は，著者にとって複雑なので，これ以上の深入りは禁物である。

カラスザンショウの場合，著者は，集散花序かどうかは，丁寧に確認していないので結論は保留にしておくが，裸にしたカラスザンショウの花序の構造を見る限り，「複散房花序」という配置をとっているようにみえる。

2）小林正明（2003）『身近な植物から花の進化を考える』東海大学出版会。

3）福原達人，福岡教育大学：花序の開花順序
https://ww1.fukuoka-edu.ac.jp/~fukuhara/keitai/kajo_junjo.html

3　裸にされた花（果）序の分枝構造の調査

なお，果実がみのった１房（軸）をここでは仮に花（果）序とした。

カラスザンショウは「集散花序」（有限花序）といわれても，もちろん花の咲く順番を知ることを調査することさえ容易ではない。材料の入手が困難である。しかしながら，熟した花序，果実（種子）が沢山ついた花序の入手は容易である。

今回，実際に地面に落ちた，熟した果実（種子）の沢山ついた６本の花序を材料とした花序を見てみることにした。地上に落ちた花序は，一本一本がばらばらになっている。

1　主要な分岐の位置，側枝の形成

まず，花序軸は25 ～ 30cmと長い。伸長後，最初の分枝の位置はどこで始まるかである。表Ⅱ―６―１は６本の

表Ⅱ―６―１　６本の果序の長さの測定

No1	No2	No3	No4	No5	No6
10.5cm /25cm	14cm /25cm	12.5cm /28cm	14cm /29cm	12.5cm /27cm	11.5 /23cm

注）上段：枝の基部から花序軸の最初の分岐部分までの長さ，下段：全体の長さ。

花（果）序について10.5～14cmとかなり伸びた位置で分岐が起こる。多くは主要な3本が出るが，気ままに，途中で分岐することも多い，基本的には3本なのか？ と思われる。表のデータは乾燥した花（果）序の調査結果であるが，2018年7月5日，枝折れ時に得た沢山の生の花序で測定した4ヵ所の花序，14本の調査でも，軸の長さは，17～30cmで，基部から10～14cmの位置で，最初の分岐を始めている。

2　花序先端部の分枝と花柄

基本的に3本の分枝がおこり，何回か側枝をだしていくが，何らかの規則性があるとは思われない。あえて言うなら，伸びるごとに，何本かの枝を自在に伸ばしていく。とくに，花序先端部のおもな果柄は3～5本が車輪状に伸長していることが多く観察された（写真Ⅱ—6—6—①，②）。いくつかの小さな房(ふさ)状の花序，これが空間にうまく配置し，ほぼ平面上に並ぶというのだろう。果実を取り除いて裸にした果序をみると，主要な一本の花軸から，まず枝は3本の側枝を出し，各側枝から枝分かれを繰りかえして，次々花柄をだして可能な限りの沢山の花（果実）を付けている様子がリアルに視覚化できたきがする。生命が次世代を担う花や種子の形成に，どうしてここまでするのだろうかと。果序から実を除き裸にして，自己満足といわれそうであるが，生命力の勢いの強力なカラスザンショウの一面を見た，いい体験であったことにしよう。

3　径３mm の種子と果実

カラスザンショウの花（果）序に付いている果実は，乾燥果とか，裂開果の袋果（たいか）と呼ばれる。その意味するところは実が熟すと，果実を包む果皮が乾燥した状態になり，さらに，その果皮が割れて種子が出てくることを意味するようだ。

上記の裸にした果序，１本（No. 1）からもぎ取った果実の数はどれくらいあるだろうか（写真Ⅱ―６―６―③）。

先ず，枝からもぎ取った果実を，１個の実が幾部屋あるかによって分けて数えてみた。その結果，３部屋ある実は401個，２部屋のもの，277個，１部屋のもの252個，合計930個であり，この房についている黒い種子は2009個ということになる。１ヵ所の花序の基部から出ている花軸の数は３本はあるので房の種子数は約6000個もあることになる。

作業中に殻から落ちた種子，252個も含めた重さはほぼ30gであった。樹木から落果した時に果序から飛び出した種子はあるが，意外に少ないと考えてよい。

この花序（No. 1）は標準的なサイズのように思うが，今回，実を除去した花（果）序６個のなかには，３分の２程度のサイズのものもあるにしても，１本の樹冠に形成される花序数はぼう大なので，大木に付いている全種子数も遥かに予想を超えている。

写真Ⅱ—6—6—①　カラスザンショウの花序軸の分枝

①医学部2号館大木の落花果実から任意に拾った6花序軸の分枝の画像（果実を除去）。

写真Ⅱ—６—６—②　カラスザンショウの花序軸の分枝

代表的花序 No. 1 の果実除去前（上）と除去後（下）の比較。

写真Ⅱ—6—6—③　カラスザンショウの花序軸の分枝

代表的花（果）序 No. 1 の種子を除去して，種子の部屋数ごとに分けた。A：3 部屋の実。B：（左から）a：2 部屋の実，b：1 部屋の実，c：殻から外れた種子。

コメント③ —— 比較，アジサイの花序とカラスザンショウ（KZ）の花序

2018年6月半ば，Kzの花序が10数㎝以上に成長した時期に，本郷界隈の街路や公園ではアジサイの花が綺麗に咲いていた。何よりも花が手の届く位置で咲いているのはKZとは雲泥の差である。直径10～20cmに及ぶ大きいものが多く，平板状に咲く“ガク咲き”やボール形に咲く“テマリ咲き”のアジサイなど多様である。街路植えには，意外と珍しい品種が多く植えられており，（小石川）植物園とは違った風情がある。さて，望遠レンズを使って，やっと見えるKZの花序を見ることに執念を燃やしていた。大義があるわけではない。KZの小さな花が沢山集まって大輪の花のようにどうして集まるのだろう，このタイプの花序は散房花序というようだが，関連用語の「集散花序」や「有限花序」という用語の説明をみても理解しにくい。こんな時期にみたアジサイの花序は，何と“すっきり”とした構造をしているのかと調べることにした。ちなみに，アジサイの花序も「集散花序」とある。

“テマリ咲き”アジサイ：

直系20㎝もあるテマリのようなガク片で覆われた“花”（花冠）を初めてかき分けて内部の花柄のつき方

を見た。いわゆる，花序の軸の分岐はどうなっているかを知りたかった。まず整然と左右対称に二分し，そのすぐ上か，数 mm 上に，直角に交わるように対称的に二分した軸が伸長する。さらに，この直角に交わった点から 1 本の軸が上に伸びている。こうした 4 方向と上に伸びた軸は，それぞれ，さらに分岐し，各果柄に“花”をつけてテマリ状になっている。

“ガク咲き”アジサイ：

花の中心部には小さな両性花が沢山，集団で集まって咲いている。外側周辺に大きめで目立つ装飾花を周辺に咲かせている。全体，平板状に咲いている。

ガク咲きアジサイの場合も花軸の配置は基本的にテマリ咲きとかわりがない。花序の基部茎に 2 枚の葉があり，そのすぐ上に左右対称に 2 本の枝（花軸）が伸び，ほぼ同じ位置から直交するように枝が前後に伸びて，従って 4 方向に均整のとれた花冠ができあがっている。

限られた観察例であるが，アジサイの花の均整のとれた形は，花序を形成している花軸の配置が左右対称的であることが最大の理由だろうという結論になる。

さて，繰返しになるが，KZ の花序軸は，いわゆる花序が伸長始める部位から 3 本の幼花序が伸び，それぞれが樹状に分枝しながら伸長していく。1 例をあげると，幼花序の時から枝の基部から最初の分枝点までの節間が一番長く，5月末，1本は10cm長あり，ほかの2本の長さは7cm，8cmあり，その先，側枝を4，5本出して，最先端部は細い枝や花柄を4，5本“車輪状”に伸ばし，これが小さい房状に沢山の蕾をつけている。この小さい房が平板状に並ぶのである。が，開花の時期までには，［完全ではないが］太陽の当たり具合やオーキシン内部分布等によってうまく，どの花も平板に位置して太陽の光を受ける仕組みができているようである。これが，いわゆる，散房花序である。しかしながら，アジサイの花序のように花序軸分枝が対称的でなく，巧妙にできていない。しかし，その分，高い樹冠上で大きな羽状複葉からも，さらに長く伸びた花軸の先に開花するKZにとって，太陽をよぎるものはない。

岩波洋造氏は，著書の「花の構造，花のつき方」の項で，「もともと，花は茎の変化したものであるから，花のつき方は枝が出る様子と大変よく似ている」。さらに，いろいろのタイプの花序を図示しているが，カラスザンショウは集散花序で，散房花序といわれるが，その意味は，「花序軸の先端の蕾が最初に咲き，つぎにすぐ下の分枝の先端の花が咲く，という具合に開花が下方に広がっていく」という。が，これを実際に確かめることは容易でない。

KZの花の咲く順序に規則性があるかについては，アジサイのような規則性はない。が，KZはKZなりのやり方で自由に咲いているので，機会があれば，じっくり眺めて，確かめてみたい。

花序とアジサイ　関連参考文献

日本アジサイ協会，鎌倉アジサイ同好会監修（2008）『アジサイの世界――その魅力と楽しみ方』家の光協会。

山と渓谷社（2003）『山渓ハンディ図鑑 4 樹に咲く花，離弁花 2，ユキノシタ科』34 ～ 87 ページ。

岩波洋造（1979）『植物を考える』出光科学叢書 13，出光書店。

4　新芽から羽状複葉と花序の形成

昨年,本郷キャンパスの医学部２号館と七徳堂（剣道部）のKZの大木が，晩秋から新年にかけて枝に沢山の果実の房をつけていたイメージから，新芽やシュートがどのように伸長展開するのかを観察した結果について見てみよう。

1　新芽から羽状複葉の形成

写真Ⅱ—６—７（①～⑥）は，医学部２号館のカラスザンショウの芽吹きからシュートの展開にいたる典型的な枝ぶりである。

枝の先端部分は細めの梢とは全く違っている。棒のイメージであり,しかも先端部は切断されたかのような“棒“である。さらに，太めで，ねじれた枝もカラスザンショウで目立つ特徴のようだ。この枝に形成する新芽はいつ伸長を開始するのだろうか。落葉後の冬枝には大きな葉痕がはっきり並んで目立つ。

A：２月27日の枝の画像では，葉痕上部にある「新芽」が動き始めたかどうか不確かであった。この冬は低温が続いたが，新芽の始動が例年と比べて遅いかどうかはわからない。

B：２週後の３月15，16日の観察では，先端部から１，２（３？）個目くらいまでの芽は明らかに膨らんできた。最先端部の芽が最も大きく，２番目になると小さ

① 3. 15

② 3. 15

写真Ⅱ—6—7（①～⑥） カラスザンショウの芽吹きからシュートの展開　医学部２号館 KZ（2018）2.27 は，まだ前年の葉痕のみ。

③ 3. 31

④ 4. 7

⑤ 4. 12

⑥ 4. 30

くなる。先端の芽と２番目の芽くらいが今年の主要な枝を形成することになる。

C：３月 25 日，枝先端部の１，２個の新芽は伸長が進んで，葉のブーケができたかのように伸びた。さらに，気温の上昇とともに，

D：３月 31 日，４月２日には，枝にはカラスザンショウの小型の複葉が現れた。さらに，

E：４月５日，７日：枝の新梢は，カラスザンショウの特徴ある複葉だとはっきりわかるまでに生長した。

F：さらに，複葉の伸長は４月 10 日，12 日と急速にすすみ，生長した茎から側枝を何本かだして，４月 12 日，４月 18 日の観察では立派な太い茎が目立った。４月末，30 日には羽状複葉の成長も完成したかのように見えた。

ここで困ったのは，葉の繁茂によって，これから形成されるはずの花序の形成が，果たして観察できるのだろうかが悩みの種であった。

ここで，剣道部（七徳堂）前のカラスザンショウの新芽と新梢の形成に触れておこう（写真Ⅱ―６―８―①～⑤）。ここのカラスザンショウは医学部２号館の木に比べておよそ 10 日早く開花するのだが，新芽の伸長の開始は遅れて始まった。樹木の立地が風通しがよい場所だからだろうか。３月 23 日，棒状の枝が目立つが３月 30 日，４月５日になって枝の先端部分にブーケ状に葉が伸長し，４月７日には立派な羽状複葉が現れた。そして，４月末には大木全体が

① 3. 23

② 3. 30

写真Ⅱ—6—8（①～⑤）　七徳堂（剣道部）KZ（2018）芽吹きは，医２KZ より１週間遅れて始まった。開花は早く開始。

③ 4. 5

④ 4. 7

⑤ 4. 29

大きな羽状複葉で覆われて，医学部２号館のカラスザンショウ（KZ）の“葉振り”と遜色のない状態になった。

5　初めて見る幼花序の出現

大木の大きな羽状複葉に被われて，花序が形成しても，その発見は容易ではないと勝手に想像していた。連休中の小旅行で観察も数日間休んだ。５月５日に久しぶりに見て回った。

A：５月５日　まず，医学部２号館の木である。青々と，がっちり太く成長した茎からなる新梢は葉で混みあっている。が，新梢が飛び出している枝もあり，その先端部の分枝の部分から何やら白っぽい小さな花序が顔を出しているではないか。ついに伸びだしたのである。初対面は「子供の日」であった。が，４月末には形成されていたのだろう。この日，数か所の新梢で観察された。葉に隠れて，いい写真が撮れない。とくにわずかの風でもすぐに繁茂した葉に隠れてしまうのである。

写真Ⅱ—６—９—②（2017. 5. 5 撮影）は記念すべき１枚である。複葉が幾枚も伸びた枝先端部に形成された花序である。この幼花序の花軸が３～４本伸びだしており，先端には花の蕾，“原基”らしきものが形成されている。この時期の幼花序の正確なサイズは不明だが，小葉の大きさ等と比較して２～３cm くらいだろうか。注目したいのは，その後の幼花序の観察結果を考えると，これまでに，カラ

① 5月に入って，七徳堂と医学部2号間の両 KZ の若い葉が一斉に黄化を始めた。

② 幼い花序が飛び出していることに，初めて気づいた。2 cm くらいか（2017. 5. 5 撮影）。

写真Ⅱ―6―9（①～⑥） 初めて見た幼花序の形成

③５．11　幼い花序（軸）と小さい葉が両側の複葉と一体をなした１つの花序をなしている。

④５.16　生長した幼花序。

⑤ 5. 21

⑥ 5. 24　３～４本の花序軸と小葉が１枚付いている。この小さな花序の軸もすでに長いか。

スザンショウの開花時期に観察した花序軸と，花の配置はほぼ同じ配置である。つまり，花序軸の数や基部から最初の分岐までの軸が長いこと，また，この幼花序と一緒に1か2枚の幼葉の形成も開始しているのには驚いた（写真Ⅱ—6—9—③～⑥）。

幼花序が成長開始を始めた時期，5月初めに，あとで気づいたことであるが，枝の先端の若い羽状複葉が一斉に鮮やかに黄化していることだった（写真Ⅱ—6—9—①）。この現象は医学部2号館と七徳堂・剣道部の両大木で観察された。何かの生理現象（ホルモン）の変化とともに花芽が形成を開始したのだろうか。

B：5月10日：幼花序は，10日が経ち，2週間が経つと伸長がすすみ，枝の中でも目立ってきた。そして5月22日の観察では幼花序はおおよそ1.5倍まで伸びたのだろうか，葉に隠れているというよりも，陽の当たる位置まで伸長してやや目立つようになった。

1　生長を続ける花序

C：5月26日～5月31日　5月半ば以降の気温が高い日が続いたせいか，花序の大きさも目立って，大きくなったように見えた。花序のサイズを直に計りたい要求に駆られて，ようやく手にした花序の3本の花序軸は，基部から幼果序分岐点まで，6 cm，6 cm，8.4cmであった。さらに，3対の小葉＋1葉の葉軸がひとまとまりになった花序ができあがっていた。もはや，幼花序ではない。

D：６月２日（土）　最近，花序の伸長具合が早いので気になっていた。早朝，２度目の花序の採集ができればと，出かけた。春先から探していた小道具，フックのついた竿（アルミ製でねじ込みの３連結）がやっと見つかったので期待が膨らんだ。

花序は，小道具を使ってもやっと届く高い位置にある。ひっかけて引寄せたら，強すぎたのだろうか，昨年の枝先から伸長した新梢の部位からごっそり折れて落ちてきた。一瞬複雑なおもい，呵責があった，が「研究のため」と持ち帰って丁寧に観察し，記録した。この材料のお陰で，花序近傍の様子を，これまで以上によく知ることがでた。

２　花序と羽状複葉の配置

昨年秋までの観察で，「カラスザンショウの花序軸は枝の同じ部位から，２～３本，多くは３本あること，葉軸（２本）も同じ部位から出ていることがあること」を見てきた。

今回の調査で，花序と複葉との配置関係が，かなりの確からしさで明らかになった。

昨年の枝から伸びた緑色の太めの新梢（茎）の基部から７cm の部位に［ひとまとまりの“土台”構造］があり,「花序軸３本と葉軸２本」（写真Ⅱ—６—10）がこの土台から伸びだしている。このひとまとまりの構造は，近傍の部位から伸びている何枚もの大小の羽状複葉によって取り囲まれている。ここでは，７，８対の小葉＋先端の１葉からな

写真Ⅱ—６—10　七徳堂 KZ の花序，花序軸３本と葉，基部の土台構造（2018. 6. 2 撮影）。下は一部拡大。

る，40cm，47cm の羽状複葉があるが，ここの花序には，他に３～５本の羽状複葉がかかわっているように見える。これから咲く，大皿のごとき花序群とここで実る膨大な数の種子をつくるためには，大量の光合成産物が必要だからであろう。濃い緑色の大型の羽状複葉は，如何にも樹勢の強い大木，カラスザンショウに相応しい，理に適った樹木だからだと納得できる。

総まとめ　カラスザンショウの花序と枝
――キャンパスの２本の KZ 大木の枝折れで
直に見ることができた新梢と花序の姿――

2018 年，関東の梅雨明けは早かったが，７月初めの西日本の豪雨被害は甚大であった。関東（文京区）も６月末から天候は荒れ気味で，時折強風にであった。

６月 27 日，七徳堂（東大剣道部）前のカラスザンショウ（KZ）の大枝が倒壊した。幸いか，折れたのは西側から見て２段目あたりの花序のある大枝であり，グランド側のバス通りへ向かう通路に転がっていた。倒壊に気づき，通常のレンズをとりに，いったん家に戻ってカメラをもって，20 数個くらいの花序を観察し，２，３写真に納めた。どの花序も立派に成長していたが，99.9％は蕾で，開花の気配はない。偶然か，大学の職員らしい男性が現れてからは，倒壊した枝に近寄るなと執拗に注意するので，あとで花序を採りにくることにした。驚いたのは，翌朝倒壊した枝はきれいに片付けられて，本体の樹木の枝も整えられて何事もなかったような，日常にもどっていた。

前日の倒壊直後の観察では，折れた部分の枝は黒ずんでいて，枝表面には一面白い，カビ（細かい斑点状）で覆われていた。衰弱した，枯れたカラスザンショウでよく見かける光景である。原因はこのカビによるものだろう。

今回の枝折れで，この老大木は大きな１本の大木と思っていたが，枝が折れてみると，これまで見えていたのは，樹幹から十数 m 離れた西側の大枝の一部であることを認識させられた。従って，今年の観察には直接の影響はしないだろう。

この枝折れから１週間もたっただろうか，７月４日，夕方，散歩がてら医学部２号館から剣道部のカラスザンショウを一回りして戻ったら医学部２号館の KZ に向かって左側の枝が折れて，ぶら下がっていた。翌朝，早朝出かけると案の定，枝は折れて地上に横たわっていた。今回の枝折れは，通行の邪魔にならないので，いつまでも放置されていた。枝の詳細，花序の観察と撮影に十分利用させてもらった。じっくり待っていると，「いつか出会える」は本当だったが，それにしても不思議なめぐり合わせであった。まさか，この木が自らの枝の一部を落としたのだろうか。これと似た出会いは，三四郎池淵のミズキの幼木の観察時等でも経験している。著者は，オカルト的なことは信じないが，こうした現象は自然にも起こりうるということだろう。

折れた枝は，３m50cm，折れた基部の直径は８cm と太いが，さらに２本に折れたらしく，もう１本は１m60cm

あった。

2018年春から，新芽から新梢の成長過程を観察し続けてきたが，生長を続ける新梢の後半の生長経過の詳細を知ることが困難だった。もちろん葉の繁茂と高所の枝で起こる現象であることが理由だが，その全体像を知るきっかけになったことは，偶然の“枝折れ”ということによってもたらされた幸運であった。また，一度に複数の“開花直前の成熟した”花序に巡り合うことにもなった。特別新たな現象に接したわけではないが，これまでの観察の集大成というか，盛んに生長をつづけている最中の花序や枝の姿をまじかに観察し，撮影できたことは，貴重な偶然であろう。

（1）花　序

今回の枝折れ時の花序，大木にやや色づいた大きな花序が一斉に現れた景色は見事である。これらの花序は，開花まであと2週間前のもので，沢山の未熟蕾をつけて実に，生き生きしている。10数mの高所にあった枝についていたものである。

折れた枝の花序から任意に選んだ4ヵ所の花序について調べた結果の概略は以下に記した。どの花序も枝の先端基部（構造）から3～4本の果実（蕾）をつける花序軸と通常2本の羽状複葉の葉軸が伸びている。この基部構造から伸びた花序軸は分岐（枝）まで長く伸びて，その位置で3本（4本）に枝分かれして，さらに何度か分岐し，枝先に行くほど，さらに複雑に分岐して繊細な花柄につづき，多くの花芽をつけることができるのである。

ここに取り上げる予定だった画像は，A4 サイズに直接コピーした，いわゆる等身大のサイズの花序像であった。ほぼ29.7cm × 21cm の用紙に納まらない，わずかはみ出る，じつに大きい。大木に相応しい大きさである。

また，この時期，それぞれの花序には沢山の蕾みが付いているが，ここで注目したいのは，個々の蕾みのサイズが不揃いであることである。単なる憶測でしかないが，凹地カラスザンショウの花序の蕾みがかなり揃っていることを知ってからである。雄花，そして雌花と咲く開花の秘密との関わりがないだろうかと。

（２）前年枝と新梢と花序軸

春先の新芽が伸長したグリーンの茎から，新梢が形成される経過の観察結果は，既に述べたが，高所で起こっていること，繁った葉に覆われていることで，確信のもてないものが残っていた。今回，折れた枝の観察と撮影ができたことで，ほぼ確かな画像が得られた。

春先に棒状の枝の先端部分には，大きな葉痕のすぐ上部にある大きな芽が伸長始めるが，先端から１個目よりは２，３個目の芽が伸びてシュートとなることが多い。このことは折れた枝の芽と伸長したシュートの観察で，鮮明に示されている（写真Ⅱ—６—11—①～⑥）。

① 若い枝の鋭い棘。

② 前年枝の棘，大きな葉痕とそのすぐ上の芽。

写真Ⅱ—６—11（①～⑥）　医２KZの大枝の枝折れで，目の当たりにした生々しい花序と枝（2018. 7. 5 ～ 7. 7 撮影）

③ 開花直前の花序と枝。

④ ばっさり落下した枝の一部。

⑤ 何本もの葉にサポートされる開花直前の花序。

⑥［基部（土台）でまとまっていた花序］の３花序軸と２複葉を４部分に分けて撮影。スケールは 15cm。

追　記──2018年の小石川植物園の カラスザンショウの観察

特記事項とまでいかないが，それに近い観察事項である。

1　2ヵ所の雄株

2017年，「職員宿舎先の木」と「山地植物栽培区の木」の2KZ雄株の開花経過観察を実施し，雄株の開花の概略を知ることができた。2018年，この時期猛暑が続いた。観察に欠かせないカメラや三脚の運搬があり，物理的に厳しいので，観察を中止することも考えた。しかしながら，観察日の間隔を長くして実施することになった。

結論は，両区の雄株樹木で，2017年の観察結果と同じ雄花の開花経過を辿るという結論を得たことだった。猛暑のなかの記憶は，「職員宿舎先の木」の雄花の落花数のぼう大な量が脳裏に残っている。結果の詳細は省略する。昨年，雄花開花の終盤に見た雌花らしきものは見られなかった。強風でみんな飛ばされてしまったのだろうか。

2　コクサギ坂の木

2年目の観察を踏まえて，記そう。高橋俊一氏の記載では,「雌雄未確認」とある。雌株とは言えないように思うが，2017年に見た「歪(いびつ)な果実」のことを意味するのだろうか。

2018年，雄花の開花後の観察で，花序軸にそれらしきものは観察できなかった。が，まもなく強風で花序軸の何

① 7. 10　高所に咲く雄花。

② 7. 13　落下した雄花。

写真Ⅱ—6—12（①〜③）　コクサギ坂のKZの雄花と雄花花序軸
（2018 .7. 13 〜 8. 2）

③ 7. 29　初めて気づいた雄花花序の落花した軸。ボールペン，14cm。

もかも吹っ飛んでしまった可能性がある。

幸いしたのは，2018 年 7 月 10 日，花序に♂花が開花し，7 月 13 日，樹冠下に，うっすらと♂花の落花を観察した。

さらに，驚いたのは，樹冠下に，これまで気づかなかった花序軸らしきものを見つけたことだった。意外に沢山落ちていた。その長さは，ボールペンとほぼ同サイズの 14cm であった。著者にしては，初めての“発見”であった（写真Ⅱ—６—12—①～③）。雄花花序の咲いたあとの軸のことは，枯れてなくなるくらいにしか考えなかったのだろうか。いい加減なものである。

その後，小石川植物園の「職員宿舎先の木」雄株の樹冠下では，開花の終わった雄花序軸が樹冠下に沢山散乱して

写真Ⅱ―6―13　職員宿舎先のKZ雄株の雄花花序の落花した軸（8.2）。

いることに気づかされた。ここの花序軸は14cmよりもやや長いものもかなりある（写真Ⅱ―6―13）。また，本郷キャンパス，三四郎池の雄株（E518，タロ）の樹冠下にも沢山の雄花花序軸が散乱し，8月から9月まで落花し続けていた。その長さは，ボールペンサイズ，14cmであった。

コメント④——外見似た羽状複葉をつける ニワウルシとの類似点とちがい

ニワウルシは中国原産，明治初期渡来，落葉高木，25m，直径1mにもなる。枝や葉は傘型に広がって，雄大な樹形になる。葉：互生，奇数羽状複葉で長さ40～100cmになる。カラスザンショウとよく似ている。しかし，果実は全く異なる形，翼果：翼は縦方向にねじれ，回転しながら飛ぶ。一方のカラスザンショウは，既述のように直径3～4mmの黒光りした堅い丸い種子である。カラスザンショウの学名，Zanthoxylum ailanthoides Siebold et Zucc. の種名，ailanthoidesはニワウルシの属名由来であり，“ニワウルシのような”植物であるという意味でつけられたようである。大木になるし，とくに大きな羽状複葉は非常によく似ていて紛らわしい。しかし，ニワウルシの種子の形は翼型で全く異なる。また，ニワウルシの枝や幹には棘がないなど明らかに違いがある。ちなみに，ニワウルシの英名，ailanthoidesは，神樹（シンジュ／tree of heaven）から由来している。公園で，大木に出会うことがある。

第7章　カラスザンショウの雌株に咲く雄花の不可解

2018年のカラスザンショウの開花時期に観るカラスザンショウは，これまでとは違っていた。雌花，雄花以外の，何であったのかは分からないが，違った視点から観るようになったのだろうか。本郷キャンパスと小石川植物園の観察対象の10数本のカラスザンショウの間に差異が見えてきたのだろう。

1　雌株の個体間で異なる落花雄花の数量の差異

2018年7月，東大本郷キャンパスの2カラスザンショウの大木と小石川植物園の「職員宿舎先の木」は，今年も膨大な数の♂花を咲かせた。高木であり，高所の花は見えないので，全体を把握することは容易でない。が，開花雄花は1～2日で落花するので，開花を知ることができる。つまり，当該樹木全体の開花時期や，地上に散る♂花の数は落花♂花数で推測することが可能である。今回の記録は，♂花数を正確に記録したものではない。ただ，今年のこの3大木KZの♂花はとくに“異常に”多かったように思う。が，観察を続けているうちに，どの雌株も，きまって大量の♂花を散らせているのでなさそうだと，気づかされたことだった。今年，観察できた範囲でのまとめである。

○本郷キャンパス
　七徳堂（剣道部）入口 KZ：樹木番号 E097
　医学部２号館 KZ：樹木番号 E013
○同上，三四郎池安田講堂側入口を入った右手の２本
　~~樹木番号 E554（雌株，紅(こう)）：階段入口の大木~~
　　（2017 年８月雌花開花結実後，秋枯死）
　樹木番号 E518（雄株，タロ）：黒石碑近くから池側に枝を伸ばし散策路に多くの雄花を散らせる。
　樹木番号 E512（雌株，ハナ）：古いポンプ室傍に根をおろし，濱尾新像前のスロープを下った坂道に枝を伸ばしている。
○小石川植物園，職員宿舎先の木（雄株）：１本立ち

さて，本郷キャンパスの上記２老大木のカラスザンショウの花，三四郎池の３本のカラスザンショウの花は，ここ数年にわたって見てきた。本格的に，科学的に観察してきたというより，散歩がてらに写真を撮ることを，主な楽しみにしてきたというのが，正確だろうか。

カラスザンショウの雄花の落花を知ったのは，上記三四郎池の E554（紅）と E518（タロ）の樹木から散った，散策路の落花♂花であった。両樹木の枝は接近しているので，落花♂花の境に確信をもてなかった。しかし，今年は最も期待していた E554（紅）であったが，樹木が枯死したので，落花♂花の境界の混乱は，もはやない。

表Ⅱ—7—1　三四郎池の２カラスザンショウの雄花の開花（落花）経過（2018 年７月）

	7/6	7	8	9	10	11	12	13	14	15	16	17	18	19	20	21	22
雄株（E518）	-	1+	2+	3+	4+	4+	4+	4+	4+ 注1	4+	4+	3+	3+	2+	+	無	無
雌株（E512）	-	1+	2+	3+	3+	2+	1+	無		注2		注3					注4

※ −＝未開花。♂花が開花すると，１～２日で地上に散る。＋＝まばらに散っている。＋＋＝めだつほどに散っている。
＋＋＋＝地上にうっすらと降り散っている。＋＋＋＋＝降り積もっている印象をうける。

注１）7/14 以降の観察は，樹冠下の２個の大きめの石の上に落花した雄花の数にもとづき判定，日毎に前日の♂花は払いよけた。

注２）7/15　樹冠頂上の花序とやや低い枝の数個の花序の観察で，どの花序も全部，雄花はなく，ふっくらしたつぼみになっていた。蜂が飛び回り，♀花が一部咲いている。

注３）7/17　雌花はほぼ満開，樹冠下のマンホール蓋に沢山の雌花の花弁が散っている。

注４）7/22-24 花序には，一部に雌花も見られるが，グリーンの果実をつけ，また地上にも落果している。

表Ⅱ—7—1に示した三四郎池の2カラスザンショウは，周囲を他の樹木に囲まれた，密集した環境にある。が，高木に生育し，枝の頂点は太陽を浴びることができるようになっている。

まず，雄株E518（タロ）と雌株E512（ハナ）の♂花の開花は，同じ日に始まった。が，開花の期間は大きく異なっている。雄株の♂花はほぼ2週間にわたり，しかも，落花♂花の数も雌株の落花♂花数よりはるかに多いのである。つまり，この雄株はより多くの♂花を咲かせている，より長期にわたって咲かせていることを意味する。

一方，この雌株の♂花は，落花♂花数でも少なく，開花期間もほぼ1週間たらずと短い。♂花開花後は，同じ花序にあった蕾みが生長し，♀花を咲かせ，急いでグリーンの果実を付けることになった。

次に，同じ本郷キャンパスの雌株の2大木の♂花の観察結果を表Ⅱ—7—2にまとめたが，2018年の両樹木の♂花の落花はすさまじいものがあった。

しかし，開花期間をみると，両樹木ともほぼ1週間であることが分かる。また，七徳堂剣道部カラスザンショウでは，玄関先の空き空間に伸びた枝の先端部（西側）の開花は3，4日ほど遅れて始まったが，開花期間は，やはり1週間であった。大木樹幹に近い枝と枝から離れた先端の枝（西側）につく花序の開花はやや異なるようである。このことは，医学部2号館のカラスザンショウ大木でも観察された。

2018年7月の小石川植物園のカラスザンショウ雄株の

表Ⅱ—７—２　カラスザンショウ雌株に咲く雄花の数量比較（2018 年）

○本郷キャンパス

七徳堂（剣道部）KZ　雌株の落下雄花数

日付	7/2	3	4	5	6	7	8	9	12	13
東側花序	1+	2+	2+	3+	4+	4+	3+	-	-	-
西側花序（枝先端部）	-	-	-	-	1+	2+	2+	3+	1+	-

医学部２号館KZ　雌株の落下雄花数

日付	7/9	10	11	12	13	14	15	16	17	13
樹幹に近い花序	1+	3+	3+	3+	3+	2+	1+	-	-	-

日付	7/4	7	10	13	19	21	25	29	8/2
樹幹から離れている花序	-	3+	4+	4+	4+	2+	1+	-	-

※　－＝未開花。♂花が開花すると，１～２日で地上に散る。
＋＝まばらに散っている。＋＋＝めだつほどに散っている。
＋＋＋＝地上にうっすらと降り散っている。＋＋＋＋＝降り積もっている印象をうける。

♂花の落花は凄まじいものがあった。猛暑が続き，観察回数も３～４日おきで，さらに，６日も間隔をおいたこともあったが，非常に興味深い結果が示されている（表Ⅱ—７—３）。

このカラスザンショウ雄株の♂花の開花／落花は，７月

表Ⅱ―7―3　小石川植物園職員宿舎カラスザンショウの雄花の開花（落花）経過（2018年7月）

○小石川植物園

職員宿舎KZ　雄株の樹冠下の落花雄花数

日付	7/4	7	10	13	19	21	25	29	8/2
樹冠まとめ	-	3+	4+	4+	4+	2+	1+	-	-

※　－＝未開花。♂花が開花すると，１～２日で地上に散る。＋＝まばらに散っている。＋＋＝めだつほどに散っている。＋＋＋＝地上にうっすらと降り散っている。＋＋＋＋＝降り積もっている印象をうける。

５日頃以降に始まり，７月25日まで続き，20日間も咲いていたことになる。

この結果は，本郷キャンパス，三四郎池のKZ雄株E518（タロ）の開花経過ともよく一致している。

カラスザンショウ（KZ）の雌株の花序で，先ず♂花が咲き，咲いた♂花が散ったあと，同じ花序に残っている蕾みの，ほぼ半数が数日して膨らみ♀花が咲く。この開花経過は本郷キャンパスの雌株２大木，三四郎池の雌株，E512（ハナ）で，小石川植物園の小山山頂のカラスザンショウ雌株大木で確認されたことから，カラスザンショウ雌株の開花の一般的にみられる現象であると思われる。しかしながら，

（１）今年，2018 年７月，三四郎池 E512（ハナ）雌株の♂花の落花数を観察していて気づいたのは，表Ⅱ—７—１の♂花数を知ってからです。

「KZ 雌株の落花♂花数，従って花序に咲く雄花の数は，本郷キャンパスの雌株２大木で見られるように，必ずしも大量の♂花を形成するわけではない」と気づいたのです。

（２）既述のように，三四郎池のカラスザンショウ E554（紅（こう））は，昨年秋に枯死したが，沢山の花序を形成し，果実を実らせたのであるが，春先に♂花の落花が，開花初期にわずかにみられた。その後もごく少なく，池の水辺まで丁寧に探した記憶がある。この樹木には，♂花の形成を経ずに雌花だけ付けるカラスザンショウの可能性を期待していただけに，「枯死」は，格別に残念だったのである。

（３）小石川植物園の小石川山山頂のカラスザンショウの老大木は，♂花や雌花の開花を確認しており，雌株であり，沢山の果実を付けることは調査で確認済みであった。

2018 年７月７日，♂花の開花時期にあたり，樹冠下にはうっすらと♂花が散っていたが，その翌々日の調査で♂花の落花はそれ以上には見られなかった。高木であり，花序の確認もほとんど不能であり詳細は不明だが，♂花の開花数（落下数）は少ないのではないかと考えられた。小葉が落ちた 2018 年 11 月 23 日，大きな赤紫色の果実の房が沢山見られた。

以上，カラスザンショウの果実を付ける，いわゆる雌株に咲く♂花の数には，本郷キャンパスのカラスザンショウの２大木（雌株）とはちがって，大量の♂花を付けない雌株の存在する事例があること知って，カラスザンショウ雌株の雄花の開花の真相を一層深く検討してみる必要を感じている。

2017 年秋から 2018 年にかけて，カラスザンショウの花だけでなく樹に目を向けるようになって，はじめて雌株に咲く雄花の数量，否，雌株の樹冠下に散る雄花の数量の差異に気づくことになった。このことは開花に関わる，もう１つの重大な発見だったといってよい。

それよりも，どうしてもっと早く気づけなかったのか。

2 「凹地（くぼ）」カラスザンショウは♂花の開花を経ない“純粋の”雌株か

小石川植物園の，いわゆる“ごみ置場のカラスザンショウ”は，よく果実をつける雌株である。2016年の観察以来，何度も，眺めてきた樹木である。初め，低い位置で花序が見られると紹介された樹木である。この場所は，ロープを張って立入り禁止になっている場所であり，一般入園者は入れないので，立入りも遠慮しながらであり，気軽に調査できない難点があった。初め樹木が低いと勘違いしていたが，ゴミ置き場は窪地（凹地）を利用していたので，ここのカラスザンショウは一段と低い位置に根を張っていて，途中から太い２本の枝に分かれている。かなりの大木であると知ったのは，１年過ぎのことであった。

これまで“ごみ置場カラスザンショウ”と仮称してきたが，以降，「凹地（くぼち）カラスザンショウ」と呼び，記載することにしている。

ここで，特別にとりあげなければならない理由がある。この樹木は雌株であり，それ以上に詳細の調査は必要ないと思っていた，安易な考えがあった。小石川植物園のカラスザンショウを調査する第１の目的は「雄株の開花経過」であったことも理由の１つである。

2018年７月　ここの♂花の写真がないことに気づき，何度か訪れて撮影を試みた。が，いっこうに咲かない，蕾みは沢山ついている（写真Ⅱ—7—1—①～④）。

7月4日～13日，♂花の開花は一向に観察されなかった。7月15日，じっくり撮影し，つぼみが沢山ついた花序，クローズアップした花序の画像を撮ることもできた。

さて，このクローズアップされた花序の画像の，よく膨らんだつぼみのある花序には，♂花が散ったあとに残されているはずの花柄が全く見られないことが気になった。この瞬間，初めてこの木の“♂花の開花”に疑問を感じた。

7月19日　「完全につぼみ」から，一部で雌花が咲きだした。満開の花序や30～50％開花の花序，沢山のハチが飛び回っていた。

7月21日　グリーンの未熟果実が形成された。
この雌株の雌花や果実は，本郷キャンパスの雌株でみる雌花や果実の数に比してかなり密集している印象をうけた。

昨年，2017年7月にも，この「凹地カラスザンショウ」の開花時の撮影をして，多くの画像があった。
沢山の画像を丁寧に見てみると，全く同じ結果を示唆する画像が写っていた（写真Ⅱ—7—2—①～④）。
2017年7月は，凹地KZの開花を2～3日ごとに調査していた。

7月11日　蕾みの多くはふくらんできたが，まだ咲かず：他のKZでは♂花咲いている。
7月16日　この日のメモに，まさか♀花の蕾みでないだろう？と疑いの一行あり。
7月19日　小さい花序だが，♀花が満開。雄花花柄痕跡一切見えず。
7月22～26日　♀花咲き，グリーンの果実が見られる。
7月29日　♀花が咲き続け，果実も多くついている。

以上のように，雄花の開花は見られず，雄花開花に疑いをもっていたことが記されてあった。

今後の課題は，この樹木の観察を開花の早い時期から，精査する必要があるが，多くの雌株の♂花の開花を観察して，雌株における♂花開花の真相を一層詳細に観察することが望ましい。

差し迫ったカラスザンショウは「どろんこ坂」の樹木も候補の１本だろう。この高木は大きな種子の房をつける雌株であることを３年間確認しているし，樹下に雌花の花序の一部の落花も見ている。しかし，樹下に雄花の落花を，今年も，直接見ていないのが気がかりである。雄花の開花時に，たまたま出合わなかっただけの可能性がないではないが，今後，調査して確認する必要がある。

①7. 7　どの蕾みも大きく膨らんでいるが，雄花開花や雄花・花柄痕跡は一切見られない。

②7. 15　雌花が咲きだしているが，雄花・花柄痕跡は見られない。

写真Ⅱ—7—1　凹地 KZ の開花（2018 年）

③ 7. 15　この花序には開花雌花が多いが，雄花・花柄痕跡は見られない。

④ 7. 21　雌花満開にちかい，花序の花数が密集している。

①7. 11　白くふくらんだ沢山の蕾みがあるが，雄花の開花や花柄痕跡は一切見られない。

②7. 16　大きく写った花序蕾み。雄花開花や花柄痕跡は見られない。

写真II—7—2　凹地 KZ の開花（2017 年）

③ 7. 19　小さい花序，雌花が満開。雄花の花柄痕跡はなし。

④ 7. 29　雌花が満開，花序の花数や果実が密集しているか。

カラスザンショウに関する参考資料

岩波洋造（1979）『植物を考える』出光科学叢書 13，出光書店。
池谷祐幸（2016）「ミカン科 RUTACEAE」300 ～ 308 ページ；PL. 255—259，大橋広好ら編『改訂新版 日本の野生植物 3 バラ科～センダン科』平凡社。
風間裕介・河野重行（2009）雌雄異株性——性染色体ならびに雄蕊（♂）と雌蕊（♀）の選択的発達制御　遺伝 63（3），42 ～ 47 ページ。
川畑博高・小堀民恵（編）（2003）「ミカン科，サンショウ属」244 ～ 257 ページ，『山渓ハンディ図鑑 4　樹に咲く花　離弁花 ②』山と渓谷社。
倉田悟（1968）「カラスザンショウ」66 ページ，PL. 33，『原色日本林業樹木図鑑』林野庁監修，第 2 巻，地球出版。
小林正明（2003）『身近な植物から花の進化を考える』東海大学出版会。
高橋俊一：www.geocities.jp/kbg_tree/sanshou-karasu/ailanthoides.htm
福原達人，福岡教育大学：花序の開花順序
https://ww1.fukuoka-edu.ac.jp/~fukuhara/keitai/kajo_junjo.html
星元紀（2009）「動物の子孫の残し方」『動物の科学』（放

送大学教材）55 ～ 75 ページ。
正宗厳敬（1966）「カラスザンショウは雌雄異株の植物でない」北陸の植物 17（3）：77.
真邉彩・小畑弘己（2017）「産状と成分からみたカラスザンショウ果実の利用法について」植生史研究 26（1）：27 ～ 40 ページ。
山と渓谷社（2003）『山渓ハンディ図鑑４』「樹に咲く花，離弁花２，ミカン科，サンショウ属」244 ～ 257 ページ。
東京大学大学院農学生命科学研究科森林科学専攻（編集・発行）（2003）『東京大学本郷キャンパスの樹木』（非売品）三友社。

（アジサイ）
山と渓谷社（2003）『山渓ハンディ図鑑４』「樹に咲く花，離弁花２，ユキノシタ科」34 ～ 87 ページ。
日本アジサイ協会，鎌倉アジサイ同好会監修（2008）『アジサイの世界――その魅力と楽しみ方』家の光協会。

あ と が き

カラスザンショウの花の写真を撮り始めることからはじまったが，よく5年間も続いたと自ら驚いている。思いがけない，様ざまなことを木から教えてもらっている。

かつて，ウンカが媒介するイネのウイルス病，ほぼ全国の稲作に大被害を与え続けたウイルス病の病原ウイルスの研究に半世紀も情熱を傾けていた。その異体の知れない糸状のウイルスが病原性の発現に欠かせないRNAポリメラーゼ（ゲノムの複製に必須）を抱えこんでいたという発見は世界のウイルス関係者に注目された。そのせいだろう，樹木を見る目もウイルスを見る目で見る癖があると，何度か気づかされた。

カラスザンショウの黄色の雄花が華やかに咲き，ほぼ落下し終わった後になって,華やかな白い雌花が咲きだした。雄花はいっきに落下するわけではないが，全部無くなるのを待って，雌花の開花の準備にはいるのだろうか。このことが頭から離れない，何故だろうか，ホルモンバランスの変化が関係するのだろうか。老研究者にとっても，ときめく時間をあじわえる一瞬であった。

さて，実際にカラスザンショウの開花の観察記録をまとめることになったとき，樹木のような1年周期の生活サイクルをもつ植物の観察は大変なものだと，やっとわかってきた。同じ雌株でも雄花の咲く量が樹木ごと違うことを5

年目の夏に，初めて具体的に目にした。枯れた大木の落花がきっかけだった。並んだ2本の木の落花が入り混じって区別ができなかった問題が解決されたからである。

カラスザンショウの木は高木で，花序に咲く花や四季の変化を肉眼で見る機会はほとんどないだろう。その意味で，歩き回ってようやく撮影した写真画像，小さいが，見ていただいければ，この上ないよろこびです。

小石川植物園市民セミナーの樹木類の基礎研究の講演内容では，生活サイクルが非常に短い，シロイヌナズナを実験植物材料に使った研究成果の発表が多い。単純な実験材料系の選択が如何に重要かは，若い研究者はみんな知っている。維管束系の形成機構の研究は素敵だった。が，実際の十数メートルも何十メートルもある樹木の維管束系はどのように機能しているのだろうと問われれば，この問いはまだまだ続くだろう。

つい最近，「動く遺伝子と塩基配列によらない遺伝」の講演を拝聴した。詳細は難しいが，米国のB. マクリントック（1902 ～ 1992）が，日本の田舎でも普通だった多彩な色の粒が混ざったトウモロコシを見て，当時，まだDNA構造の詳細も知られていない時代にDNAのごく小さい遺伝子（トランスポゾン）が飛びだして，移動することによって起こる現象だと発表した。視覚的な「トウモロコシの個々の実の色」と全く見えない遺伝子の染色体上の位置の変化を見抜いた発見だった。彼女の視覚神経は，まだ知られていない神経経路と繋がっていたのだろうか。

ギリシャの樹木研究の第一人者，テオフラストスは優れた形而上学者でもあるが，対象の中に，差異を発見することに格別の意義をもっていた人のようである。見ることの大切さを強調して終わりとしたい。

謝　辞

カラスザンショウをはじめ東京大学キャンパスの樹木の観察にあたっては、東京大学大学院農学生命科学研究科、森林植物学研究室 松下範久准教授、同小石川樹木園所属の佐々木潔洲両氏に並々ならぬご教示と数々のサポートを賜りましたことに深く感謝申し上げます。

執筆者略歴

鳥山　重光（とりやま しげみつ）

1939年生まれ。青森県むつ市出身。東京農工大学農学部卒業。東京大学大学院農学系研究科博士課程修了，農学博士。

1968 ～ 1986年，東京大学農学部（文部教官助手）。1977 ～ 1978年，オランダAgricultural University, Wageningen（Dept. Viro1ogy）に留学。1986 ～ 2000年，農業生物資源研究所，農業環境技術研究所（環境生物部，上席研究官）。2001 ～ 2009年，明治大学農学部非常勤講師，ウイルス学概論，植物ウイルス学，大学院特論担当。

（主な研究業績内容）

「イネ科植物のウイルス病とウイルスの分類学的研究」

「植物ラブドウイルスと転写酵素」

「イネ縞葉枯ウイルスの精製と病原性に関する基礎的研究」

「イネ縞葉枯ウイルスの糸状粒子に付随したRNAポリメラーゼの発見」

「日本産テヌイウイルスのゲノム解析；Tenuivirus属ウイルスの系統関係」

「遺伝子組換えイネ作出（共同研究）」など。

1999年、日本植物病理学会賞受賞（イネ縞葉枯ウイルスのゲノム構造等病原学的諸性質の解明、他テヌイウイルスの分子生物学的解析への評価）。

（著　書）

『黎明期のウイルス研究――野口英世と同時代の研究者たちの苦闘』創風社，2008年

『水稲を襲ったウイルス病――縞葉枯病の媒介昆虫と病原ウイルスの実像を探る――補遺　高田鑑三の論文「萎縮病稲試験成績」（1895）の

再評価』創風社、2010年。
『イネ科植物とくに野草に発生するウイルス病に関する研究』東京大学出版会，1972年。
『植物ウイルス事典』（分担執筆）朝倉書店，1983年。
『Descriptions of Plant Viruses』（分担執筆, CM1 / AAB: No, 269, 1983年；No. 322，1986年）。
『農林水産研究文献解題　自然と調和した農業技術編No.15』（分担執筆）農林水産技術会議事務局，1989年。
『病害防除の新戦略』（分担執筆）全国農村教育協会，1992年。
『生命科学を推進する分子ウイルス学』（分担執筆）共立出版，1992年。
『Pathogenesis and Host Specificity in Plant Diseases, Vo13, Viruses & Viroids』（分担執筆）Pcrgamon，1995年。
『ウイルス学』（分担執筆）朝倉書店，1997年。
『Plant and Viruses in Asia』（分担執筆）Gdjah Mada University Press, 1998年。
『The Springer Index of Viruses』（分担執筆）Springer Verlag, 2001年。
『Viruses and Virus Diseases of Poaceae（Gramienae）』（分担執筆）INRA, 2004年。
『Virus Taxonomy』ICTVの第6～8次報告（分担執筆）Springer Verlag / Academic Press / Elsevier，1995～2005年。
『植物ウイルス大辞典』（分担執筆）朝倉書店、2015年。

《新発見》カラスザンショウ雌雄株の開花に秘められた謎

2018年12月10日 第1版第1刷印刷
2018年12月20日 第1版第1刷発行
著　者　鳥山　重光
発行者　千田　顯史

〒113—0033 東京都文京区本郷4丁目17—2
発行所　(株)創風社　電話 (03) 3818—4161　FAX (03) 3818—4173
振替 00120—1—129648
http://www.soufusha.co.jp

落丁本・乱丁本はおとりかえいたします　印刷・製本　協友印刷

ISBN978—4—88352—252—1